BIM 应用工程师丛书
中国制造 2025 人才培养系列丛书

U0187184

BIM 项目经理

工业和信息化部教育与考试中心　编

机 械 工 业 出 版 社

业主方、设计方、施工方、运维方均设有负责项目 BIM 工作的 BIM 项目经理岗位，本书作为 BIM 技术应用理论教材，根据当前 BIM 发展阶段的实际应用情况，分别就上述四个主体方该岗位所涉及的 BIM 应用软（硬）件、模型标准、人员组织、工作流程、技术要求和重难点、工作表单、模型成果和族库管理，以及与其他新技术的合并运用等知识进行了介绍，为读者提供了 BIM 项目经理的全面性的工作指导。

本书的适用人群范围较广，对于 BIM 初学者、已经开始从事 BIM 工作但仍需完整学习 BIM 项目应用的人员，以及希望学习 BIM 应用的项目资深技术人员和企业管理层而言是一本内容完整、符合实际工作场景的学习教材和技术工具书。

图书在版编目（CIP）数据

BIM 项目经理/工业和信息化部教育与考试中心编. —北京：机械工业出版社，2021. 10

（BIM 应用工程师丛书. 中国制造 2025 人才培养系列丛书）

ISBN 978-7-111-69459-5

Ⅰ. ①B… Ⅱ. ①工… Ⅲ. ①建筑工程 – 工程项目管理 – 应用软件 – 技术培训 – 教材 Ⅳ. ①TU712. 1

中国版本图书馆 CIP 数据核字（2021）第 218097 号

机械工业出版社（北京市百万庄大街 22 号 邮政编码 100037）
策划编辑：王靖辉 责任编辑：王靖辉 陈将浪
责任校对：高亚苗 封面设计：鞠 杨
责任印制：常天培
固安县铭成印刷有限公司印刷
2022 年 1 月第 1 版第 1 次印刷
184mm×260mm · 12. 25 印张 · 327 千字
0001—1500 册
标准书号：ISBN 978-7-111-69459-5
定价：59. 80 元

电话服务　　　　　　　　网络服务
客服电话：010-88361066　　机 工 官 网：www. cmpbook. com
　　　　　010-88379833　　机 工 官 博：weibo. com/cmp1952
　　　　　010-68326294　　金 书 网：www. golden-book. com
封底无防伪标均为盗版　　机工教育服务网：www. cmpedu. com

丛书编委会

编委会主任： 杨新新　　上海益埃毕建筑科技有限公司
　　　　　　　顾　靖　　浙江上嘉建设有限公司

编委会副主任： 袁　帅　　中铁十八局集团有限公司
　　　　　　　　郑玉洁　　广西建筑信息模型（BIM）技术发展联盟
　　　　　　　　王　耀　　中建海峡建设发展有限公司
　　　　　　　　黄晓冬　　福建省建筑信息模型技术应用联盟
　　　　　　　　向　敏　　天津市 BIM 技术创新联盟
　　　　　　　　张连红　　中国职旅产业工人队伍建设办公室

编委会委员： 线登洲　　河北建工集团有限责任公司
　　　　　　　崔　满　　上海建工集团股份有限公司
　　　　　　　丁东山　　中建钢构有限公司
　　　　　　　廖益林　　海南省海建科技股份有限公司
　　　　　　　彭　明　　深圳市斯维尔科技股份有限公司
　　　　　　　完颜健飞　中建七局第二建筑有限公司
　　　　　　　赵一中　　北京中唐协同科技有限公司
　　　　　　　罗逸锋　　广西建筑信息模型（BIM）技术发展联盟
　　　　　　　赵顺耐　　Bentley 软件（北京）有限公司
　　　　　　　成　月　　广东天元建筑设计有限公司
　　　　　　　于海龙　　中国二十二冶集团
　　　　　　　胡定贵　　天职工程咨询股份有限公司
　　　　　　　张　赛　　上海城建建设实业集团
　　　　　　　虞国明　　杭州三才工程管理咨询有限公司
　　　　　　　王　杰　　浙江大学
　　　　　　　赵永生　　聊城大学
　　　　　　　丁　晴　　上海上咨建设工程咨询有限公司
　　　　　　　王　英　　博源永正（天津）建筑科技有限公司
　　　　　　　王金城　　上海益埃毕建筑科技有限公司
　　　　　　　张妍妍　　上海益埃毕建筑科技有限公司
　　　　　　　王大鹏　　杭州金阁建筑设计咨询有限公司
　　　　　　　郝　斌　　苏州金螳螂建筑装饰股份有限公司
　　　　　　　连　莒　　中企工培（北京）教育咨询有限责任公司

本书编委会

出版说明

为增强建筑业信息化发展能力，优化建筑信息化发展环境，加快推动信息技术与建筑工程管理发展深度融合，工业和信息化部教育与考试中心聘任 BIM 专业技术技能项目工作组专家（工信教〔2017〕84 号），成立了 BIM 项目中心（工信教〔2017〕85 号），承担 BIM 专业技术技能项目推广与技术服务工作，并且发布了《建筑信息模型（BIM）应用工程师专业技术技能人才培训标准》（工信教〔2018〕18 号）。该标准的发布为专业技术技能人才教育和培训提供了科学、规范的依据，其中对 BIM 人才岗位能力的具体要求标志着行业 BIM 人才专业技术技能评价标准的建立健全，这将有利于加快培养一支结构合理、素质优良的行业技术技能人才队伍。

基于以上工作，工业和信息化部教育与考试中心以《建筑信息模型（BIM）应用工程师专业技术技能人才培训标准》为依据，组织相关专家编写了本套 BIM 应用工程师丛书。本套丛书分初级、中级、高级。初级针对 BIM 入门人员，主要讲解 BIM 建模、BIM 基本理论；中级针对各行各业不同工作岗位的人员，主要培养运用 BIM 的技术技能；高级针对项目负责人、企业负责人，将 BIM 技术融入管理。本套丛书具有以下特点：

1. 整套丛书围绕《建筑信息模型（BIM）应用工程师专业技术技能人才培训标准》编写。要求明确，体系统一。
2. 为突出广泛性和实用性，编写人员涵盖建设单位、咨询企业、施工企业、设计单位、高等院校等。
3. 根据读者的基础不同，分适用层次编写。
4. 将理论知识与实际操作融为一体，理论知识以够用、实用为原则，重点培养操作能力和思维方法。

希望本套丛书的出版能够提升相关从业人员对 BIM 的认知和掌握程度，为培养市场需要的 BIM 技术人才、管理人才起到积极推动作用。

本丛书编委会

序

国务院办公厅在国办发〔2017〕19 号文件中提出"加快推进建筑信息模型（BIM）技术在规划、勘察、设计、施工和运营维护全过程的集成应用，实现工程建设项目全生命周期数据共享和信息化管理，为项目方案优化和科学决策提供依据，促进建筑业提质增效。"国家发展和改革委员会（发改办高技〔2016〕1918 号文件）提出支撑开展"三维空间模型（BIM）及时空仿真建模"。同时，住建部、水利部、交通运输部等部委，铁路、电力等行业，以及各地房管局、造价站、质监局等均在大力推进 BIM 技术应用。建筑业信息化是建筑业发展战略的重要组成部分，也是建筑业发展方式、提质增效、节能减排的必然要求。

工业和信息化部教育与考试中心依据当前建筑行业信息化发展的实际情况，组织有关专家，根据 BIM 人才培训标准，编写了本套 BIM 应用工程师丛书。希望本套丛书能为我国 BIM 技术的发展添砖加瓦，为广大建筑业的从业者和 BIM 技术相关人员带来实质性的帮助。在此，也诚挚地感谢各位 BIM 专家对此丛书的研发、充实和提炼。

这不仅是一套 BIM 技术应用丛书，更是一笔能启迪建筑人适应信息化进步的精神财富，值得每一个建筑人去好好读一读！

住房和城乡建设部原总工程师

姚 兵

18/5/2018.

前　言

　　我国的 BIM 技术应用，经历了懵懂、期待、克难和深入的各个阶段后，正在走进工程建造和数字城市的各领域和层面，成为扎实有效的工作手段。但同时，BIM 技术实施需要多专业、多部门的协同工作，才能使项目和企业受益，而当前很多负责协同实施的 BIM 项目经理，对该岗位涉及的工作范围和工作方法缺乏总体、全面的了解，这是很多项目 BIM 应用不能达成预期收益的因素之一，在一定程度上减缓了企业开展深度 BIM 应用的步伐。

　　本书是 BIM 应用工程师丛书中专门讲解 BIM 项目经理工作的专业书籍，旨在推进 BIM 项目经理的知识拓展和技能提升。我们组织了全国各地数十家企业和机构的 BIM 实践应用专家，以实际工作中积累的真实经验为蓝本，用时一年多、经过多次讨论与修改，共同编写完成了本书。

　　本书的作者群体均是在各自业务领域中的资深"建工人"，以及具有多年 BIM 应用经验的实践者和领导者。在本书各章节的编写过程中，作者们在紧密结合各自专业工作的同时，还讲解了 BIM 当前的多种应用、多种方式，并对应用的收益作了解析，体现了 BIM 服务于企业业务开展的根本原则。同时，不同于基层 BIM 人员的是，BIM 项目经理需要整体把控 BIM 应用的技术规划和工作组织，并为相关收益负责，所以本书更多的是强调 BIM 的工作管理，尽可能完整地覆盖模型层面、技术层面和管理层面，而不是面向基础模型技能，这一点也是读者在选择本书前需要了解的。

　　本书以其多角色、全过程、多层次的体系化知识分享为特色，让不同类型和基础的读者群体能够在 BIM 项目经理的技术管理岗位上，不仅能够建立起和管理好团队，还能够以前人的经验为基础，秉承务实和创新的原则，结合自身实践不断深化和推动 BIM 技术的应用。

　　由于编者水平有限，书中疏漏和不妥之处在所难免，还望各位读者不吝赐教，以期再版时改正。

编　者

目　录

第五部分　运维方的 BIM 项目经理

第一部分 概述与项目准备

第1章　BIM 项目经理

第1节　BIM 项目经理的含义

建筑信息模型（Building Information Modeling，简称 BIM）由 Autodesk 公司在 2002 年率先提出，目前已经在全球范围内得到业界的广泛认可。《建筑信息模型应用统一标准》（GB/T 51212—2016）中，将 BIM 定义为"在建设工程及设施全生命期内，对其物理和功能特性进行数字化表达，并依此设计、施工、运营的过程和结果的总称"。BIM 作为一种数据化工具，通过对建筑的数据化、信息化模型整合，在项目策划、运行和维护的全生命周期过程中进行共享和传递，使工程技术人员对各种建筑信息做出正确的理解并能高效应对，为设计团队以及包括建筑、运营单位在内的各方建设主体提供协同工作的基础，在提高生产效率、节约成本和缩短工期方面发挥重要作用。

BIM 带动了建筑行业的变革，相关从业人员众多，包括从事 BIM 基础理论研究与标准制定的人员、从事 BIM 产品设计与软件开发的人员、从事 BIM 教育培训的人员、从事 BIM 工程应用的相关人员等。从事 BIM 工程应用的相关人员统称为 BIM 工程师。BIM 工程师通过 BIM 模型将项目内的各种相关信息进行整合，在项目从策划到运维的全生命周期过程中进行共享和传递，使相关人员对各种建筑信息做出正确的理解并能高效应对，为设计单位、施工单位、运营单位等各参与方提供协同工作的基础。BIM 工程师的工作在提高工程质量与效率、节约成本和缩短工期等方面发挥着重要作用。

根据 BIM 应用程度、范围和层次的不同，可将 BIM 工程师分为 BIM 操作人员（含建模工程师、应用工程师等）、BIM 主管、BIM 项目经理、BIM 总监等。其中，BIM 项目经理是在项目中进行 BIM 应用策划并执行的总负责人，既是 BIM 工程师职业发展的高级阶段，又是项目 BIM 团队的领导者。BIM 项目经理必须在一系列的 BIM 策划与执行活动中做好领导工作，从而实现项目目标。

工程项目实施涉及不同的参与方（利益相关方），在项目实施过程中，各利益相关方既是项目管理的主体，同时也是 BIM 技术的应用主体。不同的利益相关方因为在项目管理过程中扮演的角色不同，其责任、权利、职责也不同，而且针对同一个项目的 BIM 技术应用，各自的关注点和职责也不尽相同。例如，业主单位重点关注的是如何应用 BIM 技术辅助自己的决策并为后期的运营提供保障，设计单位重点关注的是如何应用 BIM 技术来提升设计效率与水准，施工单位重点关注的是如何应用 BIM 技术来提高整体施工管理水平。不同参与方的不同关注点意味着 BIM 技术在应用过程中会有不同的组织方案、实施步骤和控制点。因此，BIM 技术应用必须纳入各参与方的项目管理中，项目不同参与方都应有自己的 BIM 团队和 BIM 项目经理。

从项目不同参与方的角度，BIM 项目经理包括业主方的 BIM 项目经理、设计方的 BIM 项目经理、施工方的 BIM 项目经理、运维方的 BIM 项目经理，以及各类相关组织的 BIM 项目经理等，如图 1-1 所示。

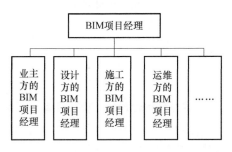

图 1-1　项目参与各方的 BIM 项目经理

项目各利益相关方在进行 BIM 技术应用时，应结合项目特点和 BIM 的技术特点来优化、完善自身的项目管理体系和工作流程，建立基于 BIM 技术的项目管理体系，进行高效的项目管理。此外，BIM 只有在项目全生命周期各参与方之间进行传递和使用，才能发挥其技术的最大价值，因此应兼顾各利益相关方的需求，建立更利于协同工作的流程和标准，实现有效、有序管理。

1. 业主方的 BIM 项目经理

业主方一般是出资方或投资方，是经营的主体，是建设项目的发起方，是建设工程生产过程的总组织者、项目建设的最终责任者，是建设工程生产过程中人力资源、物质资源和知识的总集成者。因此，业主方十分关心项目的成败，业主方的项目管理是建设项目管理的核心，业主单位的管理水平与管理效率直接影响建设项目是否增值。

业主方是涵盖建筑全生命周期各阶段的唯一利益相关方。作为项目发起方，业主单位应从项目的成败出发，将建设工程的全生命周期以及各参与方统一纳入自己的管理范围，站在全方位的角度来设定项目各参与方"权、责、利"的分工。

在 BIM 应用方面，业主方实际上是 BIM 应用的最大受益方，体现在缩短工期，大幅降低融资财务成本；提升建筑产品品质，提高产品售价；形成模型，提升运维效率并大幅降低运维成本；有效控制造价和投资；提升项目协同能力；积累项目数据等方面。

作为业主方的 BIM 项目经理，重点是在投资决策阶段、设计管控阶段、招标管理阶段、施工阶段、运营维护管理阶段围绕"BIM 技术在项目管理中的运用"这条主线，抓住关键节点，实现关键节点的可控，从而提高 BIM 技术在整体项目管理中的运用质量。主要工作是在 BIM 策划和实施过程中确定 BIM 应用需求与应用形式、明确 BIM 管理职责、确定 BIM 应用流程、建立 BIM 应用标准、编制 BIM 应用计划、组织实施、过程监督、组织交付、组织项目后评等。

2. 设计方的 BIM 项目经理

作为项目建设的参与方之一，设计方主要服务于项目的整体利益和设计方本身的利益。设计方 BIM 项目管理的应用需求包括：通过 BIM 技术增强沟通，更好地表达设计意图；提高设计效率与质量；可视化的设计会审和参数协同；提供更多、更便捷的性能分析等。其应用 BIM 技术的核心在于用 BIM 技术提高设计质量，完成 BIM 设计或辅助设计表达等。

作为设计方的 BIM 项目经理，要在方案设计阶段、初步设计阶段、施工图设计阶段明确项目对于 BIM 的需求，编制 BIM 实施计划，并基于技术、管理等措施来推动 BIM 在设计中的实施。

3. 施工方的 BIM 项目经理

施工方是项目的最终实现者，是竣工模型的完成者，施工企业的关注点是现场实施，关心 BIM

如何与项目结合起来，关心如何提高效率和降低成本。施工单位综合协调管理各部门及各专业分包单位的 BIM 技术应用成果，并进行施工中的深入应用，解决现场问题，指导施工，最后形成竣工模型。在项目 BIM 应用过程中，BIM 应作为项目部管理人员日常工作的工具之一。

施工单位对应用 BIM 进行项目管理的要求包括：通过可视化的图纸会审帮助施工人员更好地理解设计意图，尽早发现设计错误；利用模型进行直观的"预施工"，尽可能地消除施工的不确定性和不可预见性；通过施工深化设计把握施工细节；为构件加工提供加工详图，减少现场作业；提供便捷的管理手段等。

作为施工方的 BIM 项目经理，需要负责策划与组织实施完成以下工作中的全部或部分：施工图 BIM 模型建立及图纸审核、碰撞检测、深化设计及模型综合协调、设计变更及洽商预检、施工方案辅助及工艺模拟、BIM 辅助进度管理、5D BIM 及辅助造价管理和管控应用、现场及施工过程管理、BIM 数字加工及 RFID（射频识别）技术应用、BIM 三维激光扫描辅助实测实量及深化设计管理应用、BIM 放样机器人辅助现场测量工作应用、安全管理及绿色文明施工辅助、模型维护、协同平台管理、数字楼宇交付等。

4. 运维方的 BIM 项目经理

建筑物作为耐用不动产，在长期的使用过程中需要维护、保养，其居住主人（物业所有权人和物业使用权人）要接受经常性的由运维单位负责的管理服务。相对于项目建设时间，运维方管理工作的时间在项目生命周期中持续时间最长，可长达 50~70 年，甚至上百年，因此项目的设计、建设等过程要尽可能考虑项目运维阶段的需求。

运维方的 BIM 应用要求包括：BIM 技术可以用更好更直观的技术手段参与规划设计阶段；BIM 技术应用能够帮助提高设计成果文件的品质，并能及时地统计设备参数，便于实施前期运维成本测算，从运维角度为设计方案决策提供意见和建议；在施工建造阶段运用 BIM 技术直观地检查计划进展，参与阶段性验收和竣工验收，保留真实设备、管线的竣工数据模型；在运维阶段，帮助提高运维的质量与安全，以及备品、备件的周转速度和反应速度，配合维修保养并及时更新 BIM 数据库。

作为运维方的 BIM 项目经理，要进行 BIM 运维项目管理，负责项目的总体组织和实施；负责运维软件各个系统的调试，与项目方对接完成项目整体验收并移交；对接项目需求，与研发人员协调，不断改进、优化运维软件产品。

此外，项目其他各参与方，如监理单位、造价咨询单位、招标代理单位、供货单位等根据业务需求，也可设置 BIM 项目经理岗位。各方的项目经理根据各参与方的利益诉求和应用要点负责BIM 技术的计划与实施工作。

第 2 节　BIM 项目经理的素质与能力要求、职责要求

1.2.1　BIM 项目经理的素质与能力要求

由于工程项目通常具有较长的生命周期，涉及许多参与方、各种生产要素，且 BIM 技术本身具有要求广泛协同的特点，所以 BIM 项目经理的工作具有"长时间跨度、多专业跨度、多技术跨度、多层级跨度、多目的跨度"等特点，与传统建筑业的各参与方项目经理相比，对其素质、能

力提出了更高的要求。

BIM 项目经理的素质与能力包括基本素质与能力、专业素质与能力两个方面，如图 1-2 所示。

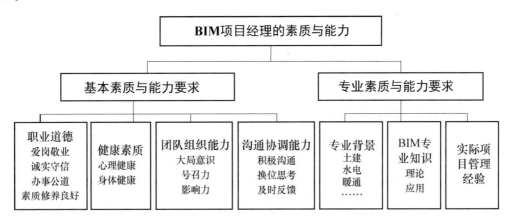

图 1-2 BIM 项目经理的素质与能力

1.2.2 BIM 项目经理基本素质与能力要求

BIM 项目经理的基本素质与能力是职业发展的基本要求，同时也是 BIM 项目经理专业素质与能力的基础。BIM 项目经理的基本素质与能力主要体现在职业道德、健康素质、团队组织能力及沟通协调能力等方面。

1. 职业道德

职业道德是指从事一定职业的人在特定的工作和劳动中所应遵循的特定的行为规范，它是人们在从事职业的过程中形成的一种内在的、非强制性的约束机制，可对其职业行为产生重大的影响。职业道德的基本要求包括职业理想、职业态度、职业义务、职业纪律、职业良心、职业荣誉、职业作风等方面。职业道德是社会道德体系的重要组成部分，BIM 项目经理的职业道德包括爱岗敬业、诚实守信、办事公道、素质修养良好等。

2. 健康素质

健康素质包括心理健康及身体健康两方面的内容。在心理健康方面，BIM 项目经理应具有情绪的稳定性与协调性、有良好的社会适应性、有和谐的人际关系、有心理自控能力、有心理耐受力以及健全的个性特征等；在身体健康方面，BIM 项目经理应身体健康、精力旺盛，拥有完成工作必需的强健身体。

3. 团队组织能力

团队组织能力是指设计团队的组织结构、配备团队成员，以及确定团队工作规范的能力。BIM 项目经理要能够建立分工合理的组织机构，合理分配参与成员，做到知人善用；具有大局意识，并能利用自身的号召力、影响力组织好团队成员的工作，共同实现团队目标。

4. 沟通协调能力

沟通协调能力是指在日常工作中妥善处理好上级、同级、下级等各种关系，解决各方面矛盾的能力。BIM 项目经理一方面要有较强的能力协调团队中各部门、各成员的关系；另一方面能够协调项目与社会各方面的关系，尽可能地为项目的运行创造有利的外部环境，减少或避免各种不利因素对项目的影响，争取项目得到最大范围的支持。

基本素质与能力奠定了工程师的发展潜力与空间，是 BIM 项目经理带领 BIM 团队高效、高标准地完成工作任务的基本保障。良好的基本素质与能力有利于 BIM 项目经理在工作中学习与成长，同时为 BIM 项目经理往更高层次发展奠定基础。

1.2.3 BIM 项目经理专业素质与能力要求

专业的素质与能力构成了 BIM 项目经理的主要竞争实力。BIM 项目经理要在工程中承担工程管理任务，实现管理目标，应具备土建、水电、暖通等相关专业背景；具备较强的技术素质，掌握先进的工程技术知识；具有 BIM 相关的理论知识及应用能力；具有丰富的建筑行业实际项目的管理经验等。

1.2.4 BIM 项目经理的岗位职责要求

BIM 项目经理的岗位职责是代表企业对项目的 BIM 应用进行策划和实施，保质保量实现 BIM 应用的效益，负责对 BIM 工作进度的管理与监控，能够自行或通过调动资源解决工程项目 BIM 应用中的技术和管理问题。BIM 项目经理的岗位职责要求具体包括负责参与 BIM 项目决策与策划，制订 BIM 工作计划；建立并管理项目 BIM 团队，确定各角色人员的职责与权限，并定期进行考核、评价和奖惩；负责 BIM 实施环节的管理和控制，包括监督并协调完成项目 BIM 软（硬）件及网络环境的建立，确定项目中的各类 BIM 标准及规范，组织完成 BIM 建模、应用等工作；负责 BIM 实施进度与质量控制等。

第 3 节　BIM 项目经理人才的市场需求

1.3.1 BIM 发展的必然性

《2011-2015 年建筑业信息化发展纲要》指出："十二五"期间，基本实现建筑企业信息系统的普及应用，加快建筑信息模型（BIM）、基于网络的协同工作等新技术在工程中的应用，推动信息化标准建设，促进具有自主知识产权软件的产业化，形成一批信息技术应用达到国际先进水平的建筑企业。

《2016-2020 年建筑业信息化发展纲要》指出："十三五"时期，全面提高建筑业信息化水平，着力增强 BIM、大数据、智能化、移动通信、云计算、物联网等信息技术集成应用能力，建筑业数字化、网络化、智能化取得突破性进展；初步建成一体化行业监管和服务平台，数据资源利用水平和信息服务能力明显提升；形成一批具有较强信息技术创新能力和信息化达到国际先进水平的建筑企业及具有关键自主知识产权的建筑信息技术企业。

2016 年 12 月，住房和城乡建设部发布国家标准《建筑信息模型应用统一标准》（GB/T 51212—2016），自 2017 年 7 月 1 日起实施。

《国务院办公厅关于促进建筑业持续健康发展的意见》（国办发〔2017〕19 号）指出：要加强技术研发应用。加快先进建造设备、智能设备的研发、制造和推广应用，提升各类施工机具的性能和效率，提高机械化施工程度。限制和淘汰落后、危险的工艺工法，保障生产施工安全。积极支持建筑业科研工作，大幅提高技术创新对产业发展的贡献率。加快推进建筑信息模型（BIM）技术在规划、勘察、设计、施工和运营维护全过程的集成应用，实现工程建设项目全生命周期数据共享和信息化管理，为项目方案优化和科学决策提供依据，促进建筑业提质增效。

目前，在国家的长期规划与大力推行下，BIM 已经逐步应用到我国的工程建设当中。同时，现阶段我国工程管理模式所存在的不足以及时代对工程管理更高的需求也呼唤着 BIM 的推广和应用，BIM 的全面推广应用具有历史的必然性。

1.3.2　BIM 应用存在的主要问题

当前的 BIM 应用主要存在以下问题：

① BIM 技术应用覆盖面仍然较窄，BIM 在当前市场中的运用最多的表现方式是培训和咨询，而且参与 BIM 培训的单位以施工单位居多，覆盖面较小，需要在推广和普及的层面有更长足的发展。

② 就全国来说，总体上涉及实战的项目仍然是少数，当前建设工程中只有部分项目采用了BIM 技术，且只在项目中的某阶段选择性地应用，项目全生命周期运用 BIM 技术的 "可实施化的定义" 还没有完全形成。

③ 缺少专业的 BIM 工程师和项目经理，特别是成熟的 BIM 项目经理的成长仍需时日，这是很重要的问题。

上述问题是任何新技术在推广过程中都会遇到的阶段性问题，究其原因，除了 BIM 技术实施本身有很大比例是 "社会化的"、是需要体系化实施的、有一定的难度之外，我国的建筑业产业现状的自身特点也构成了一定的阻力。但是，BIM 技术作为建筑业完成数字化的重要基础技术手段，必然在当前全球数字经济大发展、国内工程数字化不断推进的大形势下，逐步完成普及并与工程数字化进程融为一体。

1.3.3　未来 BIM 项目经理岗位的人才需求

结合行业管理体制及当前 BIM 市场的人才现状，可对未来 BIM 项目经理岗位的人才需求做出如下预测：BIM 技术将在项目各参与方、项目全生命周期、各种类型的建设工程项目中全面展开，对应的 BIM 项目管理的策划、实施与控制等工作需要由 BIM 项目经理来实施。因此，可预测市场对 BIM 项目经理的需求将大量增加，同时也将对 BIM 项目经理的能力素质提出更高的要求。

项目各参与方将会在各自的领域应用 BIM 技术进行相应的工作，参与方包括政府部门、业主单位、设计单位、施工单位、造价咨询单位及监理单位等；BIM 技术将会在项目全生命周期中发挥重要作用，项目全生命周期包括项目前期方案阶段、招投标阶段、设计阶段、施工阶段、竣工阶段及运维阶段；BIM 技术可能会应用到各种建设工程项目中，包括民用建筑、工业建筑、公共建筑等。未来市场可能会根据不同的 BIM 技术及功能需求出现专业化的细分，BIM市场将会更加专业化和规范化，用户可根据自身具体需求方便、准确地选择相应的市场模块进行应用。

总之，BIM 技术在我国建设工程市场中还存在较大的发展空间，未来 BIM 技术的应用将会呈现出普及化、多元化及个性化等特点，相关市场对 BIM 项目经理的需求将更加广泛，BIM 项目经理的职业发展还有很大空间，BIM 项目经理必然在将来大有可为。

第4节　BIM 项目经理的发展方向

在企业内，BIM 项目经理在未来的职业发展，在职位上可能晋升为企业 BIM 战略总监。BIM 战略总监是 BIM 工程师职业发展的高级阶段，属于企业级的职位，负责的工作可能包括：企业 BIM 总体发展战略、BIM 战略与顶层设计、BIM 理念与企业文化的融合、BIM 组织实施机构的构建、BIM 实施方案比选、BIM 实施流程优化、企业 BIM 信息平台搭建以及 BIM 服务模式与管理模式创新等。

BIM 项目经理要想获得职业上更好的发展，一方面需要不断地提高自身 BIM 理论与实践操作的能力，以及相关组织管理方面的能力；另一方面，需要预先对企业管理等相关理论知识进行储备性学习，做好企业层级管理知识的积淀和准备。

课 后 习 题

一、单项选择题

1. 负责对 BIM 项目进行规划、管理和执行，实现 BIM 应用效益的专业人员是（　　）。

A. BIM 战略总监　　　　　　　　　B. BIM 项目经理

C. BIM 技术顾问　　　　　　　　　D. BIM 操作人员

2. BIM 项目经理属于 BIM 工程师职业发展的（　　）。

A. 初级阶段　　　　　　　　　　　B. 中级阶段

C. 高级阶段　　　　　　　　　　　D. 超高级阶段

3. 下列选项体现了 BIM 在施工中的应用的是（　　）。

A. 通过创建模型，更好地表达设计意图，突出设计效果，满足业主需求

B. 可视化运维管理，基于 BIM 三维模型对建筑运维阶段进行直观的、可视化的管理

C. 应急管理决策与模拟，提供实时的数据访问，在没有获取足够信息的情况下做出应急响应的决策

D. 利用模型进行直观的"预施工"，预知施工难点，尽可能地消除施工的不确定性和不可预见性，施工风险低

4. BIM 的中文全称是（　　）。

A. 建筑信息模型　　　　　　　　　B. 建设信息模型

C. 建筑数据信息　　　　　　　　　D. 建设数据信息

5. 业主方的 BIM 项目经理，其职责不包括（　　）。

A. 工作贯穿投资决策阶段、设计管控阶段、招标管理阶段、施工阶段、运维阶段全过程

B. 围绕 BIM 技术在项目管理中的运用主线，抓住关键节点，使整体的项目管理 BIM 技术运用的质量得到提高

C. 不仅要承担具体的 BIM 技术应用，还要从组织管理者的角度去参与 BIM 项目管理

D. 通过 BIM 技术应用来控制投资、提高建设效率，同时积累真实有效的竣工、运维模型和信息为竣工、运维服务

二、多项选择题

1. 根据 BIM 应用的程度可将 BIM 工程师职业岗位分为（　　）。

A. BIM 战略总监　　　　　　　　　B. BIM 项目经理

C. BIM 技术主管　　　　　　　　　D. BIM 操作人员

E. BIM 总工程师

2. BIM 项目经理的基本素质与能力要求包括（　　　）。

A. 职业道德　　　　　　　　　　　B. 健康素质

C. 团队组织能力　　　　　　　　　D. 沟通协调能力

E. 专业背景与实践经验

3. 下列选项属于 BIM 项目经理未来发展方向的是（　　　）。

A. 工作将更加专业化

B. 职位上可能成为企业的 BIM 战略总监

C. 负责企业 BIM 总体发展战略

D. 是 BIM 工程师职业发展的高级阶段

E. 是 BIM 工程师职业发展的中级阶段

4. BIM 项目经理的岗位职责包括（　　　）。

A. 代表企业对项目 BIM 应用进行规划、管理和执行，保质保量实现 BIM 应用的效益

B. 负责参与 BIM 项目决策，制订 BIM 工作计划

C. 建立并管理项目 BIM 团队，确定各角色人员的职责与权限，并定期进行考核、评价和奖惩

D. 负责 BIM 实施环节的管理和控制

E. 负责企业 BIM 发展及应用的战略制定

5. 下列说法中正确的是（　　　）。

A. BIM 项目经理是为 BIM 在项目中的应用负总责的人

B. 不同的利益相关方，因为在项目管理过程中的责任、权利、职责的不同，针对同一个项目的 BIM 技术应用，各自的关注点和职责也不尽相同

C. 不同的实施主体，BIM 技术在应用过程中的组织方案、实施步骤和控制点是一致的

D. 施工企业的关注点是现场实施，关心 BIM 如何与项目结合，如何提高效率和降低成本

E. BIM 项目经理属于 BIM 工程师职业发展的初级阶段

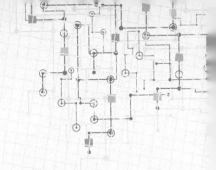

第2章 项目 BIM 实施基础环境设置

BIM 应用过程中,项目各参与方为了实现信息资源的共享、重复利用和规模化生产,需要建立与 BIM 应用配套的人员组织结构,明确定义和规范参与方的 IT(互联网技术)基础条件,以及以 BIM 模型为核心的信息资源管理方法等。

BIM 应用环境一般包括三方面内容:

① 人员组织管理,一般是指各参与方组织内部与 BIM 应用相关,以及受 BIM 应用影响的组织模式和人员配备。

② IT 环境,一般是指各参与方 BIM 应用所需的软(硬)件技术条件,如 BIM 应用所需的各类 BIM 软件工具、桌面计算机和服务器、网络环境及其配置等。

③ 资源环境,一般是指各参与方在 BIM 应用过程中,积累并经过标准化处理形成的支持 BIM 应用并可重复利用的信息内容的总称,也包括与资源管理相关的规范。

本章主要讨论 BIM 实施的 IT 环境。

第1节 BIM 应用硬件

当前,采用个人计算机终端运算、服务器集中存储的硬件基础架构较为成熟,其总体思路是:在个人计算机终端中直接运行 BIM 软件,完成 BIM 的建模、分析及计算等工作;通过互联网,将 BIM 模型集中存储在项目参与方的数据服务器中,实现基于 BIM 模型的数据共享与协同工作。"个人计算机+互联网"的架构方式相对成熟,可控性较强,可在项目参与方现有硬件资源和管理方式的基础上部署,实现方式相对简单,可迅速进入 BIM 实施过程,是目前项目参与方 BIM 应用过程中的主流硬件基础架构。

项目参与方的 BIM 硬件环境包括:客户端(台式计算机、便携式计算机等个人计算机,也包括平板计算机等移动终端)、3D 打印机、3D 激光扫描仪、服务器、互联网及存储设备等。BIM 应用硬件和互联网在项目参与方的 BIM 应用初期的资金投入中相对集中,对后期的整体应用效果影响较大。

随着技术的不断进步,BIM 硬件资源的迭代速度越来越快,生命周期越来越短。各项目参与方应当根据项目的整体信息化发展规划,以及 BIM 应用对硬件资源的要求进行整体考虑。确定了 BIM 软件系统后,要检查现有的硬件资源配置及其架构,整体规划并建立起适应 BIM 软件应用需要的硬件资源,实现对项目参与方硬件资源的合理配置。

在 BIM 硬件环境的建设中,既要考虑 BIM 对硬件资源的现实要求,考虑项目参与方投入成本

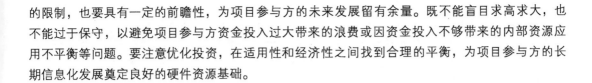

的限制，也要具有一定的前瞻性，为项目参与方的未来发展留有余量。既不能盲目求高求大，也不能过于保守，以避免项目参与方资金投入过大带来的浪费或因资金投入不够带来的内部资源应用不平衡等问题。要注意优化投资，在适用性和经济性之间找到合理的平衡，为项目参与方的长期信息化发展奠定良好的硬件资源基础。

2.1.1　个人计算机

BIM 主要基于三维工作方式，其建筑模型文件大小从几十 MB 至上千 MB 不等，故对计算机的数据运算能力、图形显示能力、信息处理数量等几个方面提出了较高要求，因此对计算机的 CPU（中央处理器）、内存、显卡、硬盘、显示器等硬件有一定的要求。

1）CPU。CPU 在交互设计过程中承担着更多的关联运算，在模型三维图像的生成时需要渲染，多核系统可提高 CPU 的运行效率，尤其在同时运行多个程序时的提效更为显著，故随着模型复杂度的提升，通常认为 CPU 频率越高（CPU 外频和内存频率一般保持 1:4 关系）、核数越多就越好。推荐 CPU 拥有二级或三级高速缓冲存储器，采用 64 位 CPU（及 64 位操作系统）有助于提升运行速度。

2）内存。目前，8G 已成为内存的标准配置，且随着技术要求的提高还可逐渐增加内存数量。

3）显卡。显卡性能对模型表现和模型处理至关重要，显卡要求支持 DirectX 11 和 Shader model 3.0 以上。越高端的显卡，其三维效果越逼真，图面切换就越流畅，为此应选用独立显卡（因集成显卡需占用系统内存），且显存容量不宜少于 2G。

4）硬盘。硬盘转速对软件系统也有影响，一般来说是转速越快越好。当设有虚拟内存并要处理复杂模型时，硬盘的读写性能显得十分重要，为提升系统及软件的运行速度及文件的存储速度，可采取"普通硬盘 + 固态硬盘（SSD）"配置模式，并将系统、软件和虚拟内存都安置于 SSD 中。

5）显示器。BIM 软件的多视图对比效果，可在多个显示器上展现，为避免多个软件之间切换繁琐，推荐采用双显示器或多显示器。如不考虑成本因素，屏幕尺寸越大、显示分辨率越高（目前常规的图形显示器分辨率为 1920×1080，专业的图形显示器则为 2560×1600），配置就越理想。

各项目参与方可针对选定的 BIM 软件，结合工程人员的工作分工配备不同的硬件资源，以达到 IT 基础架构投资的合理性价比要求。通常，软件厂商提出的硬件配置要求只是针对单一计算机的运行要求，未考虑项目参与方 IT 基础架构的整体规划。因此，计算机升级应适当，不必追求高性能配置。建议各项目参与方采用阶梯式硬件配置，分为不同级别，即基本配置、标准配置、高级配置。其中，基本配置适用于局部设计建模、模型构件建模、专业内冲突检查等情况，适合项目参与方大多数工程人员；标准配置适用于多专业协调、专业间冲突检查、常规建筑性能分析、精细渲染等情况，适用于专业骨干人员、分析人员、可视化建模人员；高级配置适用于高端建筑性能分析、超大规模集中渲染等情况，适合项目参与方中的少数高级 BIM 应用人员使用。

表 2-1 给出了 Autodesk 配置需求（以 Revit 为核心）推荐的硬件配置，其他选定的 BIM 软件可参考此表。此外，对于少量临时性的大规模运算需求，如复杂模拟分析、超大模型集中渲染等，项目参与方可考虑通过分布式计算的方式调用其他暂时闲置的计算机资源共同完成，以减少对高性能计算机的采购数量。

表 2-1　个人计算机硬件配置

	基本配置	标准配置	高级配置
Autodesk 配置需求（以 Revit 为核心）	操作系统： Microsoft Windows 7 64 位 Microsoft Windows 8.1 64 位 Microsoft Windows 10 64 位	操作系统： Microsoft Windows 7 64 位 Microsoft Windows 8.1 64 位 Microsoft Windows 10 64 位	操作系统： Microsoft Windows 7 64 位 Microsoft Windows 8.1 64 位 Microsoft Windows 10 64 位
	CPU：单核或多核 Intel Pentium、Xeon 或 i-Series 处理器或性能相当的 AMD SSE 2 处理器	CPU：多核 Intel Xeon 或 i-Series 处理器或性能相当的 Series 处理器或性能相当的 AMD SSE 2 处理器	CPU：多核 Intel Xeon 或 i-Series 处理器或性能相当的 Series 处理器或性能相当的 AMD SSE 2 处理器
	内存：4GB RAM	内存：8GB RAM	内存：16GB RAM
	显示器：1280×1024 真彩	显示器：1680×1050 真彩	显示器：1920×1200 真彩或更高
	基本显卡：支持 24 位彩色 高级显卡：支持 DirectX 11 及 Shader Model 3.0 显卡	显卡：支持 DirectX 11 显卡	显卡：支持 DirectX 11 显卡

2.1.2 3D 打印机

3D 打印机又称为三维打印机，是一种累积制造技术（即快速成形技术），它以数字模型文件为基础，运用特殊蜡材、粉末状金属或塑料等可黏合材料，通过逐层打印黏合材料来制造三维的物体。现阶段的三维打印机被用来制造产品。

3D 打印的原理是把数据和原料放进 3D 打印机中，机器会按照程序把产品逐层造出来。3D 打印机与传统打印机最大的区别在于它使用的"墨水"是工程原材料。3D 打印堆叠薄层的形式多种多样，可用于打印的介质也十分多样化，塑料、金属、陶瓷以及橡胶类物质等均可用于 3D 打印。

在建筑领域中，随着市场竞争的日益激烈，使得业主和设计单位、施工单位更多地关注降低成本、提高质量、缩短周期等一系列的内在增效办法，促使项目参与方更多地采用新技术。随着计算机硬件技术和三维图形图像技术的快速发展，计算机能快速处理大数据、高性能的图形图像等，一些原来只能在工作站运行的复杂的三维造型、计算分析、仿真模拟等软件纷纷推出了个人计算机版本，所以在建筑工程领域融合了三维建模、可视化、仿真、数据交换等技术，迎来了新一轮的围绕 BIM 和 3D 打印等的技术变革。目前，世界上很多国家非常重视 BIM 和 3D 打印技术的利用和改进，推广其在建设工程领域中的应用，尤其是在产品设计和研发阶段。在我国，BIM 和 3D 打印也受到了很多关注，并开始在一些大型复杂工程的设计和施工中应用。

BIM 主要是在计算机上建立建筑信息模型，虽然是三维的，但毕竟不是实体，而 3D 打印则是将计算机中的三维模型转化为实体，两者完美结合。在工业生产中，通过 3D 打印可以迅速地将计算机中的三维图案打印出来，制成样品，进行相关检测，对设计进行反馈，而在没有 3D 打印机的情况下需要制造模具才能生产样品，因此 3D 打印能显著缩短设计周期，节省资金。3D 打印机的出现极大地促进了 CAD 和 CAM（也就是设计制造一体化）的进程，这是 3D 打印机现在在工业上的主要应用。

3D 打印机的技术参数选择包括打印速度、打印精度、材料属性、成本等。

2.1.3　3D 激光扫描仪

3D 激光扫描技术又称为实景复制技术，是测绘领域继 GPS 技术之后的一次技术革新。它突破了传统的单点测量方法，具有高效率、高精度的优势。3D 激光扫描技术是利用激光测距的原理，通过记录被测物体表面大量的、密集的点的三维坐标、反射率和纹理等信息，可快速复建出被测目标的三维模型及线、面、体等各种图件数据。3D 激光扫描技术能够提供扫描物体表面的三维点云数据，因此可以用于获取高精度、高分辨率的数字地形模型。该项技术被广泛应用到工业制造、文物保护、教学、医学、军事以及娱乐影视等领域。随着建筑行业信息化和工业化的发展不断加速，3D 激光扫描技术在建筑工程施工领域的应用也在不断加深。

目前，我国的 BIM 技术正处于快速发展与深度应用的阶段，而 3D 激光扫描技术与 BIM 模型的结合，有效地促进了 BIM 技术在建筑工程施工阶段的应用。3D 激光扫描技术是整个三维数据获取和重构技术体系中的新技术，其实现了直接从实体进行快速逆向获取三维数据及模型的重新构建。在建筑工程施工阶段，将 BIM 模型用于现场管理时需要集成有效的技术手段作为辅助，3D 激光扫描技术可以高效、完整地记录施工现场的复杂情况，并与设计 BIM 模型进行对比，为工程质量检查、工程验收带来巨大帮助。3D 激光扫描技术与 BIM 模型的结合是指对 BIM 模型和对应的 3D 扫描模型进行模型的对比、转化和协调，从而达到辅助工程质量检查、快速建模、减少返工的目的。现阶段，3D 激光扫描技术与 BIM 模型的结合在项目管理中的主要应用包括：工程质量检测与验收、建筑物改造、变形监测以及工业化精装修等。随着 3D 激光扫描技术与 BIM 技术的进一步发展，二者在项目管理中的应用会进一步扩大和加深。

3D 激光扫描仪的测量方式可分为基于脉冲式原理、基于相位差原理、基于三角测距原理；3D 激光扫描仪按用途可分为室内型和室外型，也就是长距离和短距离的不同。一般基于相位差原理的 3D 激光扫描仪测程较短，只有百米左右；而基于脉冲式原理的 3D 激光扫描仪测程较长，测程最远的可达 6 公里。

3D 激光扫描仪的参数选择包括：激光发射频率、测距范围、角度分辨率大小、测距精度以及抗干扰能力等。

第 2 节　BIM 应用软件

2.2.1　BIM 应用软件的分类

BIM 应用软件是指基于 BIM 技术的应用软件，即支持 BIM 技术应用的软件。一般来讲，它应该具备以下四个特征：面向对象、基于三维几何模型、包含其他信息和支持开放式标准。根据其基本功能的不同，可分为 BIM 基础软件、BIM 工具软件和 BIM 平台软件三类。

（1）BIM 基础软件

BIM 基础软件是指可以生成 BIM 数据模型的建模软件，所生成的数据可为 BIM 工具软件和 BIM 平台软件所使用。BIM 应用软件中最基础、最核心的是 BIM 的建模软件，建模软件是 BIM 实施中十分重要的资源和应用条件。BIM 基础软件包括基于 BIM 技术的建筑设计软件、基于 BIM 技术的结构设计软件及设备设计（MEP）软件等。目前实际使用的 BIM 基础软件有 Revit 软件（其中包含了建筑设计软件、结构设计软件及 MEP 软件）、ArchiCAD 软件等。

（2）BIM 工具软件

BIM 工具软件是指利用 BIM 基础软件提供的 BIM 数据开展各种工作的应用软件。例如，利用 BIM 基础软件生成的数据，进行能耗分析、日照分析的软件，以及进行深化设计的软件等。有的 BIM 软件功能比较综合和强大，既可以用于建模，也提供了其他一些功能，因此同属于建模软件与工具软件。例如，Revit 软件既是 BIM 基础软件，也是 BIM 工具软件。

（3）BIM 平台软件

BIM 的重要价值是支持建筑全生命周期各参与方对 BIM 数据的共享应用，而 BIM 数据的共享应用需要一个共同的平台，BIM 平台软件就是这样一种能对 BIM 共享数据进行有效管理的应用软件。该类软件一般为基于 Web 的应用软件，能够支持工程项目各参与方之间通过网络高效地共享信息。例如广联达公司的协筑（广联云）、欧特克公司的 BIM 360 软件、奔特力公司的 ProjectWise、天宝公司的 Vico Office 等。

2.2.2 BIM 基础软件

BIM 基础软件基于三维图形技术，支持对三维实体进行创建和编辑，所生成的模型是后续 BIM 应用的基础。BIM 基础软件通过三维技术建立一个三维模型，平面图、立面图、剖面图都是三维模型的视图，解决了传统二维设计中建筑平面图、立面图、剖面图因分开设计可能存在的不一致问题。

BIM 基础软件支持常见的建筑构件库，包含梁、墙、板、柱、楼梯等的建筑构件库，用户可以应用这些内置构件库进行快速建模；支持三维数据交换标准。BIM 基础软件建立的三维模型，可以通过 IFC（国际协同工作联盟为建筑行业发布的建筑产品数据表达标准）等标准输出，为其他 BIM 应用软件使用。同时，其三维构件也可以通过三维数据交换标准被后续 BIM 应用软件所应用。

（1）BIM 概念设计软件

概念设计是从分析用户需求到生成概念产品的设计活动，它表现为一个由粗到精、由模糊到清晰、由抽象到具体的不断进化的过程。在充分理解业主意图的基础上，BIM 概念设计软件帮助设计人员将业主设计任务书里面的要求转换成基于 BIM 模型的直观的建筑方案。此方案可帮助业主和设计人员之间进行沟通，有助于业主进行方案的比较，进而做出决策，后续可以应用于 BIM 核心建模软件进行设计深化。目前主要的 BIM 概念设计软件有 SketchUp Pro、Autodesk InfraWorks 等。

1）SketchUp 是诞生于 2000 年的 3D 设计软件，其特点是上手快、操作简单。2006 年被 Google 公司收购后推出了更为专业的版本 SketchUp Pro，它能够直观地以 3D 形式设计、记录和传达创意，快速创建精确、详细的 3D 建筑模型，具有互操作性（与其他工具配合度高）、可扩展性（可使用 Extension Warehouse 来扩展功能）、自定义（可自定义外观、样式风格等满足使用者爱好）、生成报告（可为利益相关者提供他们完成工作所需的全部细节）等特性。此外，还可以借助 SketchUp 组件智能、快速地完成工作。

2）Autodesk InfraWorks 是基础设施概念设计软件解决方案，可帮助用户创建出真实的再现自然和建筑环境的模型，在一个模型中评估多个项目概念设计，并将视觉效果形象、逼真的建议方案传达给利益相关方，从而帮助其更快地做出相关决策。

（2）BIM 核心建模软件

BIM 核心建模软件是 BIM 应用的基础。目前，BIM 核心建模主流软件公司主要有 Autodesk、

Bentley、Graphisoft/Nemetschek AG、Gehry Technology 以及 Trimble（原 Tekla Corporation）等。其中，Autodesk 公司旗下的核心建模软件为 Revit；Bentley 公司旗下的核心建模软件有 Bentley Architecture、Bentley Structural 和 Bentley Building Mechanical Systems；Graphisoft/Nemet-schek AG 公司旗下的核心建模软件有 ArchiCAD、Allplan、Vectorworks 等。

　　Revit 是一个完全独立于 AutoCAD 的平台，是当前 BIM 应用软件市场的重要成员，因其具有强大的族功能、上手容易、价格经济等特点而用户众多。Bentley 目前在我国的应用相对较少，其主要应用在基础设施建设、海洋石油建设、厂房建设等。ArchiCAD 是应用较早的 3D 建模软件，可以自动生成报表，通过网络可以共享信息，在土建方面比较优秀。Tekla 是国内钢结构应用十分广泛的 BIM 软件，具有强大的钢结构设计、施工以及制造的能力。部分 BIM 核心建模软件的优劣势分析见表 2-2。

表 2-2　部分 BIM 核心建模软件的优劣势分析

软件名称	公司名称	优　势	劣　势
Revit	Autodesk	1. 易上手，用户界面友好 2. 对象库数量大，方便多用户操作模式 3. 支持信息全局实时更新，提高准确性且避免了重复作业 4. 便于项目各参与方交流与协调	1. Revit 软件的参数规则（parametric rule）对于由角度变化引起的全局更新有局限性 2. 软件不支持非常复杂的设计，如部分曲面等
Bentley	Bentley	1. 功能强大，在工程设计与基础设施等领域具有优势 2. 支持大型项目，可整合各领域，可处理复杂曲面并提供专业组件库 3. 涵盖多种 3D 建模方式 4. 可满足用户在方案设计阶段对各种建模方式的需求	1. 软件具有大量不同的用户操作界面，不易上手 2. 各分析软件之间需要配合工作，很难短时间学习掌握 3. 对象库的数量有限 4. 互用性差
ArchiCAD	Graphisoft/Nemetschek AG	1. 界面直观，相对容易学习 2. 对象库数量大 3. 具有丰富多样的支持施工与设备管理的应用 4. 可以在 Mac 操作系统中运用	1. 参数模型对于全局更新参数规则有局限性 2. 软件采用的是内存记忆系统，对于大型项目的处理会遇到缩放问题，需要将其分割成小型的组件才能进行设计管理
Digital Project	Gehry Technology	1. 强大且完整的建模功能 2. 能直接创建复杂的大型构件 3. 对于大部分细节的建模过程都是直接以 3D 模式进行 4. 在 CATIA 基础上二次开发的面向工程建设行业的应用软件	1. 用户界面复杂且初期投资高 2. 对象库数量有限 3. 建筑设计的绘画功能有缺陷

（续）

软件名称	公司名称	优 势	劣 势
Tekla Structures/Xsteel	Trimble	1. 能够设计与分析各种不同材料及不同细节构造的结构模型 2. 支持设计大型结构 3. 支持在同一工程项目中多个用户对于模型的并行操作	1. 较难学习和掌握 2. 不能从外界应用中导入多曲面复杂形体 3. 购买软件费用昂贵
Navisworks	Autodesk	1. 平滑的实时漫游 2. 兼容多种模型格式 3. 软件操作界面友好，便于掌握 4. 3D Mail 功能允许设计团队的成员使用标准的 MAPI E-Mail 进行交流，任一 3D 模型的特定场景视图可以和文字内容一同发送	1. 计算机配置要求高，渲染花费的时间极长 2. 不适于大型项目

2.2.3 BIM 工具软件

BIM 工具软件是 BIM 软件的重要组成部分，一般理解，BIM 工具软件是指应用由核心建模软件所搭建的模型的软件，也可以说是消费 BIM 模型、与核心建模软件共同协同工作的软件。这类软件的相对技术门槛没有核心建模软件那么高，所以随着 BIM 的应用发展，这类软件将会越来越多，下面仅就目前常见的应用方向、涉及的软件做示例性的归纳和罗列。

常见的 BIM 工具软件包括：发布和审核软件、模型检查软件、运管管理软件、碰撞检查软件、可持续分析软件、机电深化设计软件、结构分析软件、幕墙深化设计软件、可视化软件等。部分 BIM 工具软件举例如下：

1) BIM 浏览审阅软件：例如 Autodesk Design Review 以全数字化方式测量、标记和注释二维设计与三维设计，可以帮助各参与方轻松、安全地对 BIM 的设计信息进行浏览、打印、测量和注释。

2) BIM 可持续分析软件：利用 BIM 模型信息进行项目可持续方面（例如日照、风环境、热工、噪声等方面）的分析的软件，例如 Ecotect、IES、Green Building Studio 等。

3) BIM 机电深化设计软件：帮助水、暖、电专业人士基于能源利用和设备生命周期成本来优化水、暖、电的设计，例如天正系列软件、理正系列软件、鸿业系列软件等。

4) BIM 碰撞检查、施工模拟软件：检查冲突与碰撞、模拟并分析施工过程、评估建造是否可行、优化施工进度、三维漫游等，例如 Navisworks 可进行漫游、碰撞检查、具体施工方案的演示和施工工艺步骤展示等；Bentley 可用于钢结构和钢筋模型的碰撞检查。

5) BIM 造价管理软件：利用 BIM 模型提供的信息进行工程量统计和造价分析，例如鲁班软件、广联达软件等。

6) BIM 运维管理软件：把 BIM 模型和设施的实时运行数据相互集成，给设施管理者提供三维可视化技术，可以对建筑物的性能进行智能分析，提供更好的维护方案，例如 ArchiBUS、EcoDomus 等。

2.2.4 BIM 软件在工程实施各阶段的应用

目前，BIM 软件在工程实施中主要应用于规划设计阶段、建筑与结构设计阶段、招投标阶段、深化设计阶段、施工阶段、运维阶段等。工程实施各阶段 BIM 软件的应用类型及举例见表 2-3。

表 2-3 工程实施各阶段 BIM 软件的应用类型及举例

阶 段	类 型	举 例
规划设计、建筑与结构设计阶段	规划设计、场地设计	Autodesk InfraWorks、AutoCAD、Civil 3D 等
	方案设计、初步设计、施工图设计、概念模型分析、结构分析等	Autodesk Revit、Bentley、Tekla、ArchiCAD 等
招投标阶段	算量软件（土建算量软件、钢筋算量软件、安装算量软件、精装算量软件与钢结构算量软件等）	广联达、鲁班、斯维尔、神机妙算、筑业等
	造价软件（计价和算量）	
深化设计阶段	机电深化设计软件	MagiCAD、Revit MEP、AutoCAD MEP、天正系列软件、理正系列软件、鸿业系列软件、PKPM 设备系列软件等
	钢结构深化设计软件	德国的 BoCAD、芬兰的 Tekla（Xsteel）、英国的 StruCAD、美国的 SDS/2、中国的 PKPM 等
	碰撞检查软件	Autodesk Navisworks、Solibri、Tekla BIMsight、广联达 BIM 审图软件、鲁班碰撞检查、MagiCAD 碰撞检查模块、Revit MEP 碰撞检查功能模块等
施工阶段	施工模拟软件	Autodesk Navisworks、Delmia、Synchro 等
	三维施工场地布置软件	广联达三维场地布置软件、斯维尔平面图制作系统、PKPM 三维现场平面图软件等
	模板脚手架设计软件	广联达模板脚手架设计软件、PKPM 模板脚手架设计软件、筑业脚手架施工安全设施计算软件、筑业模板施工安全设施计算软件、恒智天成建筑安全设施计算软件等
	施工管理软件	广联达 BIM 5D 软件、RIB iTWO、Vivo 办公室套装、易达 5D-BIM 软件等
	辅助安全管理、土方平衡、钢筋翻样、变更计量等软件	—
运维阶段	运营管理软件	ArchiBUS 等

第 3 节 服务器与网络

1. 服务器方案

数据服务器用于实现项目参与方 BIM 资源的集中存储与共享。数据服务器及配套设施一般由数据服务器、存储设备等主设备，以及安全保障、无故障运行等辅助设备组成。

项目参与方在选择数据服务器及配套设施时，应根据需求进行综合规划，具体的性能需求包括数据存储容量、并发用户数量、使用频率、数据吞吐能力、系统安全性、运行稳定性等，在明确了需求以后可据此（或借助系统集成商的服务能力）提出具体的设备类型、参数指标及实施方案。表 2-4 给出了当前集中数据服务器的推荐配置。

表 2-4　当前集中数据服务器的推荐配置

	基 本 配 置	标 准 配 置	高 级 配 置
少于 100 个并发用户（多个模型并存）	操作系统：Microsoft Windows Server 2012 R2 64 位	操作系统：Microsoft Windows Server 2012 R2 64 位	操作系统：Microsoft Windows Server 2012 R2 64 位
	WEB 服务器：Microsoft Internet Information Server 7.0 或更高版本	WEB 服务器：Microsoft Internet Information Server 7.0 或更高版本	WEB 服务器：Microsoft Internet Information Server 7.0 或更高版本
	CPU：4 核及以上，2.6GHz 及以上	CPU：6 核及以上，2.6GHz 及以上	CPU：6 核及以上，2.6GHz 及以上
	内存：4GB RAM	内存：8GB RAM	内存：16GB RAM
	硬盘：7200 + RPM	硬盘：10000 + RPM	硬盘：15000 + RPM
多于 100 个并发用户（多个模型并存）	操作系统：Microsoft Windows Server 2012 64 位，Microsoft Windows Server 2012 R2 64 位	操作系统：Microsoft Windows Server 2012 64 位，Microsoft Windows Server 2012 R2 64 位	操作系统：Microsoft Windows Server 2012 64 位，Microsoft Windows Server 2012 R2 64 位
	WEB 服务器：Microsoft Internet Information Server 7.0 或更高版本	WEB 服务器：Microsoft Internet Information Server 7.0 或更高版本	WEB 服务器：Microsoft Internet Information Server 7.0 或更高版本
	CPU：4 核及以上，2.6GHz 及以上	CPU：6 核及以上，2.6GHz 及以上	CPU：6 核及以上，3.0GHz 及以上
	内存：8GB RAM	内存：16GB RAM	内存：32GB RAM
	硬盘：10000 + RPM	硬盘：15000 + RPM	硬盘：高速 RAID 磁盘阵列

2. 云存储方案

云技术是一个整体的 IT 解决方案，也是项目参与方未来 IT 基础架构的发展方向。其总体思想是：应用程序可通过网络从云端按需获取所要的计算资源及服务。对大型组织而言，这种方式能够充分整合原有的计算资源，降低对新的硬件资源的投入，可节约资金、减少浪费。

随着云计算应用的快速普及，必将实现对 BIM 应用的良好支持，成为项目参与方在 BIM 实施中可以优化选择的 IT 基础架构。但项目参与方基于私有云技术的 IT 基础架构，在搭建过程中仍要选择和购买云硬件设备及云软件系统，同时也需要专业的云技术服务才能完成，项目参与方需要相当数量的资金投入，这本身就没有充分发挥云计算技术的核心价值。随着公有云、混合云等模式的技术更加完善和服务环境的改变，项目参与方在未来基于云计算的 IT 基础架构将会有更多的选择。

课 后 习 题

一、单项选择题

1. 以下不属于 BIM 基础软件特征的是（　　）。

A. 基于三维图形技术

B. 支持常见建筑构件库

C. 支持三维数据交换标准

D. 支持二次开发

2. 下面哪项不是 BIM 应用软件初选包括的步骤（　　）。

A. 调研与软件初选

B. 分析及评估

C. 测试

D. 更换

3. 初选后，项目参与方对建模软件进行使用测试，测试的内容不包括（　　）。

A. 软件的功能是否适合项目参与方自身的业务需求，与现有资源的兼容情况

B. 软件系统的稳定性及在业内的成熟度

C. 软件系统的性能及所需的硬件资源

D. 是否符合项目参与方的整体发展战略规划

4. 下列软件可利用 BIM 模型的信息对项目进行日照、风环境、热工、景观可视度、噪声等方面的分析的是（　　）。

A. BIM 核心建模软件

B. BIM 可持续（绿色）分析软件

C. BIM 深化设计软件

D. BIM 结构分析软件

5. 下列关于 3D 打印机的说法不对的是（　　）。

A. 以数字模型文件为基础，运用特殊蜡材、粉末状金属或塑料等可粘合材料，通过逐层打印黏合材料来制造三维的物体

B. 3D 打印机与传统打印机最大的区别在于它使用的"墨水"是工程原材料

C. 3D 打印能显著缩短设计周期、节省资金

D. 由于要把产品打印出来，3D 打印机的介质种类非常受限

6. 下列关于 3D 激光扫描仪的说法不对的是（　　）。

A. 突破了传统的单点测量方法，具有高效率、高精度的优势

B. 3D 激光扫描技术与 BIM 模型的结合，有效地促进了 BIM 技术在建筑工程施工阶段的应用

C. 3D 激光扫描技术可以高效、完整地记录施工现场的复杂情况，并与设计 BIM 模型进行对比

D. 一般基于相位差原理的 3D 激光扫描仪测程较长，测程最远的可达 6 公里

7. 下面属于 BIM 深化设计软件的是（　　）。

A. Xsteel

B. SketchUp

C. Rhino

D. AutoCAD

二、多项选择题

1. BIM 应用软件具有的特征有（　　）。

A. 面向对象

B. 基于三维几何模型

C. 包含其他信息

D. 支持开放式标准

E. 基于 5D 几何模型

2. BIM 应用软件按其功能分为三大类，分别为（　　　）。

A. BIM 环境软件 　　　　　　　　B. BIM 平台软件

C. BIM 建模软件 　　　　　　　　D. BIM 工具软件

E. BIM 打印软件

3. 以下属于 BIM 核心建模软件的是（　　　）。

A. Revit 　　　　　　　　　　　　B. Bentley Architecture

C. SketchUp 　　　　　　　　　　D. ArchiCAD

E. AutoCAD

4. BIM 对计算机硬件提出了很高要求，主要包括（　　　）。

A. 数据运算能力 　　　　　　　　B. 图形显示能力

C. 信息处理数量 　　　　　　　　D. 上网速度

E. 下载速度

5. 协同平台具有的功能包括（　　　）。

A. 建筑模型信息存储功能

B. 具有图形编辑平台

C. 兼容建筑专业应用软件

D. 人员管理功能

E. 图形打印功能

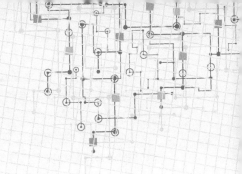

第3章 协作

第1节 协作准备与协同管理

3.1.1 协作准备

项目建设期内，业主方、设计方、建设主管部门、审图机构、监理方、勘察单位、施工方、加工制造单位等各相关方存在大量的建设项目信息交换需求，其中部分信息交换可通过 BIM 技术协同完成。根据不同的项目参与方及相互之间的协同特点，应先做好协作准备，包括制定 BIM 各相关方的协同目标、对 BIM 相关方的协同进行技术分析、搭建符合项目规模和特点的 BIM 协同平台、制定协同数据安全保障措施等，使 BIM 技术在各参与方的协同中发挥最大价值。

（1）制定 BIM 各相关方的协同目标

为 BIM 各相关方协同的实施提供一套完整的流程或实施要点规范，使各相关方的项目经理和实施人员能够理解项目实施过程各阶段的关键要素、工作内容和工作职责，并能够按图索骥，从规范中得到工作开展的相关指引，用于提高管理效率、提升管理效益。

（2）对 BIM 相关方的协同进行技术分析

技术分析的目的是基于对项目相关方协同特点的分析，预先了解本项目可能遇到的技术难点，便于提早做出准备。

（3）搭建符合项目规模和特点的 BIM 协同平台

BIM 协同平台能够帮助项目团队实现对建筑工程全生命周期的监管，及时、透明、方便地让各专业各职能部门掌握项目情况。平台应用无时间、地域和专业限制的，便捷的应用方式打通 BIM 应用各环节。BIM 协同平台一般具有如下功能：

1）图文档管理系统：建立专业之间设计图样的交流规则，实现专业之间图样交流的自动触发；建立项目设计成果自动收集子系统，形成完善的设计成果资源库，实现设计成果的共享及再利用。

2）电子签名系统：建立设计单位电子签名数据库系统，提供设计图样的单项、多项及批量签名功能；同时，实现签名后的设计成果的安全管理。

3）图样安全系统：建立图样安全管理系统，提供不同等级的图样加密解决方案，保证设计成果不被非法利用；建立项目设计成果的自动收集子系统，保证项目设计成果能及时有效地收集。

4）打印归档系统：建立单位统一的设计成果打印归档系统，提供图样拆图与打印管理功能；建立设计资源库检索子系统，提供通过条形码、图样单元信息等方式查询的图样定位查找功能。

5）即时通信系统：建立以项目团队为基础，带有专业角色的实时通信系统。

（4）制定协同数据安全保障措施

数据安全关系到项目的安全性，有时也涉及国家公共安全，应建立适当的数据安全和加密措施。同时，在数据保存时也应充分应用软件的相关功能，以 Revit 为例，其文件保存设置功能强化了协同数据的安全性和文件保存管理功能：

1）保证所有 BIM 项目数据存放安全，并对其进行定期备份。

2）各项目人员应通过受控的权限访问网络服务器上的 BIM 项目数据。

3）设置 Revit 备份的最大数量。

4）保证 Revit "本地" 文件应每隔一定时间储存至 "中心" 位置。

5）设置合理的 Revit 保存提示间隔。

6）相关模板中包含一个 "启动视图"，并且这些模板应保留。如需要，可弃用或用项目相关信息替换其中的提示。在保存文件时，用户打开 "启动视图" 并关闭所有其他视图，可以提高文件打开的效率。

3.1.2 项目各方的协同管理

项目在实施过程中各参与方数量较多，且各自职责不同，而各自的工作内容之间却又联系紧密，故各参与方之间应有良好的协同管理。项目各参与方之间的协同合作有利于各自任务内容的交接，避免不必要的工作重复或工作缺失导致的项目整体进度延误甚至工程返工。一般基于 BIM 技术的各参与方协同的应用主要包括基于协同平台的信息管理、职责管理、流程管理和会议沟通协调等内容。

（1）基于协同平台的信息管理

协同平台具有较强的模型信息存储能力，项目各参与方通过数据接口将各自的模型信息数据输入协同平台中进行集中管理，一旦某个部位发生变化，与之相关联的工程量、施工工艺、施工进度、工艺搭接、采购单等相关信息都自动发生变化，且在协同平台上采用短信、微信、邮件、平台通知等方式统一告知各相关参与方，他们只需重新调取模型相关信息便可轻松完成数据交互的工作。

（2）基于协同平台的职责管理

面对工程专业复杂、体量大，专业图样数量庞大的工程，利用 BIM 技术将所有的工程相关信息集中到以模型为基础的协同平台上，依据图样如实进行精细化建模，并赋予工程管理所需的各类信息，确保出现变更后模型能及时更新。同时，为保证本工程施工过程中 BIM 的有效性，对各参与单位在不同施工阶段的职责进行划分，让每个参与者明白自己在不同阶段应该承担的职责和完成的任务，与各参与单位进行有效配合，共同完成 BIM 的实施。

划分了项目各参与方的职责后，根据相应职责创建 "告示板" 模式的团队协作平台，项目各参与方中的 BIM 成员根据权限和组织构架加入协同平台，在平台上创建代办事项、任务，并可进行任务分配；也可对每项任务创建一个卡片，可以包括活动、附件、更新、沟通内容等信息。团队人员既可以上传各自创建的模型，也可随时浏览其他团队成员上传的模型，还能发表意见进行便捷的交流，并使用列表管理方式有序地进行模型的修改、协调。

（3）基于协同平台的流程管理

项目实施过程中，除了让每个项目参与方明确各自的计划和任务外，还应使其了解整个项目模型建立的状况、协同人员的动态、提出问题及表达建议的途径，从而使项目各参与方能够更好地安排工作，实现与其他参与方的高效对接，避免不必要的工期延误。

（4）会议沟通协调

基于协同平台可以使各参与方能够更好地把握各自的工作任务，但项目管理实施过程中仍会存在各种问题需要沟通解决，协同平台只能解决项目管理中的部分内容，故还需要各参与方定期组织协调会议进行直接沟通协调。协调会议由 BIM 专职负责人与项目总工程师定期召开 BIM 例会，会议将由甲方、监理方、总包方、分包方、供应商等各相关单位参加。会议将生成相应的会议纪要，并根据需要延伸出相应的图样会审、变更洽商或是深化图样等施工资料，由专人负责落实。例会上应协调以下内容：

1）进行模型交底，介绍模型的最新建立和维护情况。

2）通过模型展示，实现对各专业图样的会审，及时发现图样中的问题。

3）随着工程的进行，提前确定模型深化的需求，并进行深化模型的任务派发、模型交付以及整合工作，对深化模型进行确认后出具二维图样，用于指导现场施工。

4）结合施工需求进行技术重难点问题的 BIM 辅助解决，包括相关方案的论证、施工进度的4D 模拟等，让各参与单位在会议上通过模型对项目有一个更为直观、准确的认识，并在图样会审、深化模型交底、方案论证的过程中快速解决工程技术重难点问题。

3.1.3　BIM 平台软件

BIM 技术的出现是建筑行业的一次技术革新，BIM 将建设单位、设计单位、施工单位、监理单位等项目参与方协同于同一个平台上，共享统一的 BIM 模型，用于项目的可视化、精细化建造。BIM 技术应用的根本目标之一是解决工程数据的互联互通和多参与方的信息共享问题，进而支持项目的协同工作。本章将以支持 BIM 数据集成管理和协同工作为核心功能的软件统称为"BIM 协同平台"。

（1）BIM 协同平台的功能

为了实现各方的协作，保证各专业内和专业之间信息模型的无缝衔接和及时沟通，BIM 项目需要在一个统一的平台上完成。这个平台可以是专门的平台软件，也可以利用 Windows 操作系统实现。

1）云端快捷浏览。BIM 协同平台摒弃繁琐的安装过程，仅利用网页端便可实现模型的快捷查询和浏览；轻量化的模型减少了运行过程中云端的负载；利用实景点位功能，可以随时针对某构件（或构件集）上传视频、实景链接、图片，既有利于会议演示，也方便其他项目参与方更加直观准确地了解该节点实际的施工情况，如图 3-1 所示。

2）共享屏幕。项目各参与方可以基于某一 BIM 模型创建实时共享讨论"房间"，邀请讨论方进入"房间"进行远程实时讨论，"房间"内的参与者可以共享发起人的 BIM 模型实时视点及操作动作（共享屏幕），从而实现多人在线实时协作的高效协同。共享屏幕还可支持聊天记录历史保留及追溯，并且支持移动端实时操作。

3）智慧大屏。智慧大屏集成了众多子系统（例如劳务实名制管理系统、GPS 定位管理系统、物料验收称重系统和物料跟踪系统、质量和安全巡检系统、环境监测系统）对现场进行智慧管理。项目指挥部以智慧大屏进行实时动态展示，并与项目搭建的 BIM 高精度模型结合应用，可对项目进行便捷高效的管理，如图 3-2 所示。

图 3-1　BIM 协同平台网页端

图 3-2　智慧大屏

4）数字物联。将第三方监控设备进行对接，把物联网与硬件集成起来，BIM 协同平台支持引入外界设备的系统功能，可查阅现场各种监控监测系统的实时数据，如点云、现场监控、基坑监测等，实现数字物联，如图 3-3 所示。现场各种监测设备与 BIM 模型进行对应后，点击单个构件即可调取查看后台的实时检测状态和数据，所有数据可集成为数据分析图直接展示。BIM 协同平台通过设置警戒阈值可自动通过手机、电子邮件进行报警，确保现场安全。

5）建筑模型信息存储功能。建筑领域中各部门各专业设计人员协同工作的基础是建筑信息模型的共享与转换，这同时也是 BIM 技术实现的核心基础，所以基于 BIM 技术的协同平台应具备良好的存储功能。目前，在建筑领域中，大部分建筑信息模型的存储形式仍为文件存储，这样的存储形式对于处理包含大量数据且改动频繁的建筑信息模型而言效率是十分低下的，更难以对多个项目的工程信息进行集中存储。而在当前信息技术的应用中，以数据库存储技术的发展最为成熟，应用最为广泛。并且，数据库具有存储容量大、信息输入输出和查询效率高、易于共享等优点，所以协同平台采用数据库对建筑信息模型进行存储，可以有效解决上述问题。

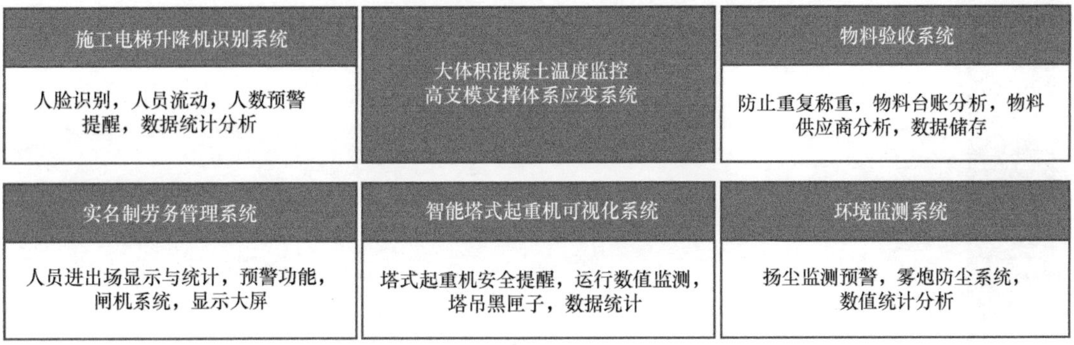

施工电梯升降机识别系统	大体积混凝土温度监控 高支模支撑体系应变系统	物料验收系统
人脸识别，人员流动，人数预警 提醒，数据统计分析		防止重复称重，物料台账分析，物料 供应商分析，数据储存
实名制劳务管理系统	智能塔式起重机可视化系统	环境监测系统
人员进出场显示与统计，预警功能， 闸机系统，显示大屏	塔式起重机安全提醒，运行数值监测， 塔吊黑匣子，数据统计	扬尘监测预警，雾炮防尘系统， 数值统计分析

图 3-3　监控监测系统

6）具有图形编辑平台。在基于 BIM 技术的协同平台上，各个专业的设计人员需要对 BIM 数据库中的建筑信息模型进行编辑、转换、共享等操作，这就需要在 BIM 数据库的基础上构建图形编辑平台。图形编辑平台的构建可以对 BIM 数据库中的建筑信息模型进行更直观地显示，专业设计人员可以通过它对 BIM 数据库内的建筑信息模型进行相应的操作。不仅如此，存储有整个城市的建筑信息模型的 BIM 数据库与 GIS（Geographic Information System，地理信息系统）、交通信息等相结合，再利用图形编辑平台进行显示，可以实现更高层次的数字城市。

7）兼容建筑专业应用软件。建筑全生命周期的各阶段涉及多专业人员的协作，例如设计阶段需要建筑师、结构工程师、暖通工程师、电气工程师、给排水工程师等多个专业的设计人员进行协同工作，这就需要用到大量的建筑专业软件，例如结构性能计算软件、光照计算软件等。所以，在 BIM 协同平台中，需兼容建筑专业应用软件以方便各专业设计人员的设计和计算工作。

BIM 协同平台应能将不同专业之间的 BIM 原生档案进行连结或整合，以免项目中各专业之间的 BIM 档案无法串联。在协同作业平台中，则可以完全整合 MicroStation 以及 Bentley 在各个行业的软件产品，同时对 AutoCAD、Revit 和其他 AEC（Architecture、Engineering & Construction，建筑、工程和施工行业）行业的应用软件也提供良好的整合支持。这些整合允许用户在应用软件中可以存取和直接读写协同作业平台中的档案，并且可以将协同作业平台中文件属性的信息直接写入图框内容中。

8）综合管理。通过视点保存、涂鸦、漫游、共享等特性让业主的方案决策更加全面；通过对模型细节的逐一标记发起实时沟通，设计人员无时间、空间限制就可通过移动端看到消息推送，逐一对业主提出的修改意见进行回复，最终通过场景漫游完成方案确认。

9）资料管理。设计阶段的工作会产生大量的成果资料，例如施工图预算，供应商资源，人、材、机管理，安全资料（脚手架、生活区、环境保护、消防保卫、机械安全、施工用电）等。这些资料可以通过平台的专属文档管理模块进行分类、分权限管理，形成资料归档，并且通过云端存储的方式可以避免因为人员离职变更导致资料缺失的问题，为项目全生命周期资料的保存提供了有力的帮助，如图 3-4 所示。进行资料管理时，可选取模型构件绑定相关的成本资料，例如工程量清单、合同、产值资料等；同时，模型、资料可以相互反查，简单明了。

图 3-4　资料管理界面

10）物资管理。结合施工阶段各种管理流程中工作量及施工量的统计，生成各种统计报表，在平台上按施工进度快速提取材料采购计划。在月末对采购计划和实际用量进行对比分析，严格把控材料损耗，提高材料精细化管理水平。物资管理体现在以下方面：

① 供应商管理：结合各种流程管理中针对设备供应商、各分包商的信息库，对其进行存储和打分，从而便于后续的评级管理。

② 工程量计算报表反查：基于 BIM 模型进行工程量的统计、反查及报表的输出，项目各参与方均以模型的工程量为标准，确保后续成本管理数据的统一性、精确性，减少反复审核的工作量。

③ 模型生成任意明细表：支持所有构件的任意属性统计分析，形成构件明细表，支持每项数据模型的定位、反查及 Excel 表格导出，充分发挥 BIM 模型数据丰富和准确的特点，实现项目精细化管理。

11）安全管理。通过 BIM 技术，将塔式起重机按照整个建筑的空间关系进行布置和论证，会显著提高布置的合理性。然后通过链接其他模型，例如施工道路、临时加工场地、原材料堆放场地、临时办公设施、饮水点、厕所、临时供电供水设施及线路等，结合平台相关流程模块，根据不同项目的管理方法进行管理模式定制，配合移动端随时调用相关流程进行现场安全问题管理和检查，并形成工作记录和数据，如图 3-5 所示。

12）质量管理。质量管理模块基于 BIM 模型与流程关联的功能特性，可以将传统的现场质量检查工作通过配套的移动端进行管理，支持与 BIM 模型进行联动，相关处理人员可以通过流程内容了解整改要求，如果有模型联动可以准确定位整改的内容。质量管理体现在以下方面：

① 施工方案交底：通过轻量化浏览进行施工场地方案交底，结合模型构件的移动、测量等操作，可以更加直观、高效地进行方案讨论，加快决策速度，确保方案的可行性。

② 现场问题整改：通过系统记录问题的发生情况、BIM 模型位置定位、设置整改人、整改后拍照送审等流程，实现质量整改的进度控制，并形成后台数据，业主可根据质量问题情况对作业单位进行相应的处罚。

图 3-5 安全管理界面

③ 隐蔽工程管理：施工现场各阶段竣工验收后，容易出现人员变动导致验收过程资料的遗失，BDIP（Building Data Integrate Platform，建筑数据集成平台）通过文档、BIM 模型挂接等技术手段来确保资料的保存性。尤其对于隐蔽工程的完成情况、各种重要的影像资料存底等数据，对项目竣工交付后的结算工作，以及施工单位自己内部班组的结算工作提供了重要的依据。

13）进度管理。计划的制订与实施均可通过平台实现，软件可通过进度计划真实模拟施工方案，如图 3-6 所示。形象进度可随时记录现场人员反馈的信息，通过不同阶段的构件显示不同的颜色，可实时展现工程进度，如图 3-7 所示。进度管理还支持模型的三维模拟，通过模型与任务的关联支持进度计划与实际计划的对比，并可对截至当天的施工状态进行不同颜色的显示，例如施工中、已完成、未施工等，方便项目各参与方进行形象进度管控，如图 3-8 所示。

图 3-6 进度管理界面

14）条码定位。平台还提供"条码定位"功能，可一键生成二维码，实现数据的精确绑定和信息的密切关联，如图 3-9 所示。

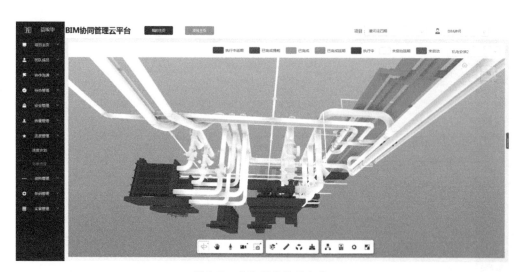

图 3-7　各阶段的构件颜色

图 3-8　模型的三维模拟

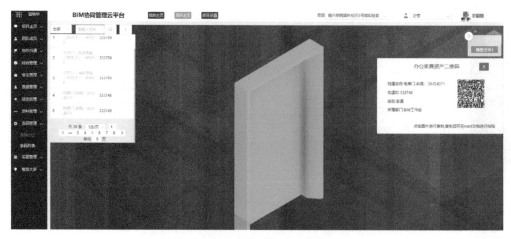

图 3-9　条码定位

15）人员管理功能。在建筑的全生命周期中有多个专业的设计人员参与，如何有效地进行人员管理是一个十分重要的问题。通过 BIM 协同平台可以对各个专业的设计人员进行合理的权限分配，对设计流程、信息传输的时间和内容进行合理的分配，从而实现高效的人员管理和协作。

① 项目主页、通讯目录、工程微博、资料列表。项目主页可供实时查看项目通知，了解资料动态，如图 3-10 所示；通讯目录可查阅本项目相关人员的通信信息，如图 3-11 所示；工程微博是工程师之间互动交流的有利渠道；资料列表可供用户上传项目相关资料，并且实现了资料与资料之间、资料与模型之间的关联互通。

图 3-10 项目主页

图 3-11 通讯目录

② 工单任务、工程联系单、施工交底。项目管理过程中参与方众多，期间程序冗长、流程复杂，各参与方的工作交互、上级批改审核、项目会议交底，都离不开各种各样的工单和繁琐的资

料。针对这一现状，平台采用社交式设计，所有的工单、交底以及设计协调的相关工作都可以在平台上进行。用户担任不同的角色，可轻松完成汇报、审批等任务，所有流程做到了清晰明了，责任分配有据可依。基于 BIM 协同管理云平台的施工交底如图 3-12 所示。

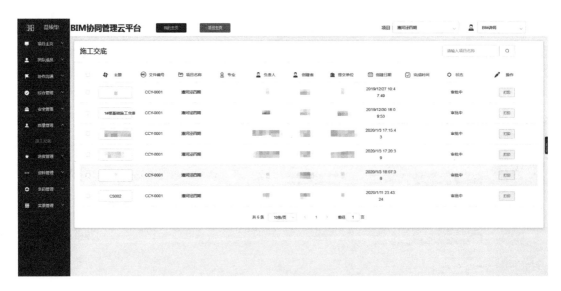

图 3-12　基于 BIM 协同管理云平台的施工交底

（2）BIM 协同平台的选择

根据应用 BIM 技术目标的不同，对 BIM 协同平台的选择和分析可参考表 3-1。

表 3-1　BIM 协同平台的选择和分析

BIM 目标	平台特点	BIM 平台选择	备注
技术应用层面	着重于数据整合及操作	Navisworks	兼容多种数据格式，可进行查阅、漫游、标注、碰撞检测、进度及方案模拟、动画制作等操作
		Tekla BIMsight	强调 3C，即合并模型（Combining models）、检查碰撞（Checking for conflicts）及沟通（Communicating）
		Bentley Navigator	可视化的图形环境，可进行碰撞检测、施工进度模拟以及渲染动画等操作
		Trimble Vico Office Suite Synchro	可进行 5D BIM 数据整合、成本分析
项目管理层面	着重于信息数据进行交流	Vault Autodesk Buzzsaw	根据权限、文档及流程进行管理
		Trello	团队协同管理
		Bentley ProjectWise	基于平台的文档、模型管理

（续）

BIM 目标	平台特点	BIM 平台选择	备 注
项目管理层面	着重于信息数据进行交流	Dassault Enovia	基于树形结构的 3D 模型管理，实现协同设计、数据共享
		EaBIM 协同管理云平台——协同宝软件	可进行模型轻量化处理服务、模型云端存储、三维可视化、多方在线协同管理等操作
企业管理层面	着重于决策及判断	宝智坚思 Greata	可进行商务、办公、进度、绩效等的管理
		Dassault Enovia	基于 3D 模型的数据库管理，引入了权限和流程设置，可作为企业内部流程管理的平台

第2节 确定协作模式

协作是指两个或者两个以上的不同资源或者个体，协同一致地合作完成某一目标的过程或能力。项目管理中参与的专业较多，而最终的成果是各个专业成果的综合，这个特点决定了在实施项目管理的过程中需要密切的配合和协作。由于参与项目的人员因专业分工或项目经验等因素的影响，实际工程中经常出现因配合未到位而造成的工程返工甚至工程无法实现而不得不变更的情况，因此在项目策划阶段就应该确定协作的模式。

协作模式包括设计协作模式与项目管理过程中的协作模式。设计协作模式是指通过 BIM 软件和环境，以 BIM 数据交换为核心的协作模式，取代或部分取代了传统设计模式下低效的人工协同工作，使设计团队打破传统信息传递的壁垒，实现信息之间的多向交流。项目管理过程中的协作模式主要是指各参与方的信息共享与协同工作，主要通过协同平台实现。

本节主要介绍基于 Revit 的设计协作模式和基于 Vico office 与 ProjectWise 的协作管理模式。

3.2.1 Revit 协作模式

BIM 协同设计中的协同方法具有多样性，以普遍应用的 Autodesk Revit 软件为例，其协作模式主要包括文件链接协同、中心文件协同的方式，每种方式的优劣各不相同。文件链接协同是十分容易实现的数据级协同方式，仅需要参与协同的各专业用户使用链接功能，将已有的 RVT 数据链接至当前模型即可。中心文件协同是更高级的协同方式，它允许用户实时查看和编辑当前项目中的任何变化，但其问题是参与的用户越多、管理越复杂。

（1）Revit 协作模式

1）中心文件协同。此模式下，根据各专业参与人及专业特性划分权限、确定工作范围，各参与人独立完成相应设计，过程中可查看其他参与工作，最后将成果同步至中心文件。同时，各参与人也可通过更新本地文件的方式集中存储工作进度。这种多专业共同使用同一 BIM 中心文件的工作方式，对模型数据交换的及时性很强，但对服务器的配置要求较高。该方式仅适用于相关设计人员使用同一个软件进行设计的情况。采用中心文件协同方式时，设计人员需共用一个模型文件，项目模型的搭建规模和模型文件划分的大小是采用该方式时需要谨慎考虑的问题。

2）文件链接协同。文件链接协同也称为外部参照，该方式简单、便捷，参与人可以根据需要随时加载模型文件，各专业之间的调整相对独立。尤其是针对大型项目，在协同工作时模型的性能表现较好，软件操作响应很快。但使用此方式时模型数据相对分散，协作的时效性稍差。该方式适合大型项目、不同专业之间协作或设计人员使用不同软件进行设计的情况。

（2）协同设计要素

1）协同方式的选择。一般选择适合项目特点和需求的协同方式。

2）统一坐标和高程体系。坐标和高程是项目实现建筑、结构、机电全专业之间三维协同设计的工作基础和前提条件。以 Revit 为例，可通过使用"共享坐标"记录链接文件的相对位置，在重新制作链接文件时可以通过使用"共享坐标"来快速定位，以提高合模的效率和精度；同时，所有的模型文件应采取统一的高程体系，否则合模后的模型会出现建筑物各专业高程不统一的问题。

此外，还要注意设定好建筑物水平方向与总图中城市坐标体系之间的偏差角度补偿。例如，某城市建筑项目采用地形图中的城市坐标系统和高程系，通过 Revit 创建三维模型，应在模型的某个点设定与城市坐标原点对应的东/西/南/北各向距离，以及该点所处的城市高程数值，使其与总图上的这个点位的 X、Y 坐标值和立面标高值一致，最后设定模型水平方向和地理正东方向的角度。在统一的高程和高程体系的基础上，设计人员可通过"原点到原点"的方式链接各专业模型，保证各类模型之间定位的一致性。

3）项目样板定制。项目样板定义了项目的初始状态，如项目的单位、材质设置、视图设置、可见性设置、载入的族等信息。合适的项目样板是高效协同的基础，可以减少后期在项目中的设置和调整，可提高项目设计的效率。设计人员根据不同项目的特征，将所需的建筑、结构、机电等构件族在模板中预先加载，并定义好部分视图的名称和出图样板，形成一系列的项目模板，设计人员只需要浏览"默认样板文件"即可调用指定的样板文件。

在 Revit 中创建项目样板有几种方式，其中一种方式是在完成设计项目后单击"应用程序菜单"按钮，在列表中选择"另存为项目样板"命令，可以直接将项目保存为".rte"格式的样板文件。另一种方法是通过修改已有项目样板的项目单位、族类型、视图属性、可见性等设置，形成新的样板文件并保存，通过不断地积累各类项目样板文件形成丰富的项目样板库，可以显著提高设计工作的效率。

4）统一建模细度、建模标准。建模细度是描述一个 BIM 模型构件单元从概念化的程度发展到最高层次的演示级精度的步骤。设计人员在建模时，首要任务是根据项目的不同阶段以及项目的具体目的来确定模型的细度等级，根据不同等级所概括的模型细度要求来确定建模细度。只有基于同一建模细度来创建模型，各专业之间在进行模型协同共享时才能最大限度地避免数据丢失和信息不对称。

建模细度的另一个重要作用就是规定了在项目的各个阶段各模型授权使用的范围。例如，BIM 模型只进展到初步设计模型细度，则该模型不允许应用于设计交底，只有模型发展到施工过程模型时才被允许用于设计交底，否则就会给各方带来不必要的损失。类似内容需要合同双方在设计合同的附录中约定。

在建筑设计过程中，不同专业可能应用不同的 BIM 应用软件，由于执行的建模标准不同，将不同专业模型集合在一起时需要遵循统一的公共建模规则，以便最大限度地减少整合后的错误。为了能够准确地整合模型，确保模型集成后能统一归位、规范管理，保证模型数据结构与实体一致，需要在 BIM 平台软件中预先定义和统一模型的楼层结构标准及 ID、楼层名称、楼层顶标高、楼层顺序编码等。除此之外，还需建立公共的建模规范，例如统一度量单位、统一模型坐标、统一模型色彩、统一模型名称等。在 BIM 技术深入发展的过程中，设计人员可以制定项目级的协同设计标准，企业可以根据自身的状况制定企业级的 BIM 协同设计标准，行业可以制定符合行业发展要求的行业 BIM 标准。

5）工作集划分和权限设置。设计工作中，每一个单体建筑物的设计团队均由不同专业的若干设计人员组成，Revit 可通过使用工作集来区分模型图元及所属信息，结合二者的特点，项目负责人可按照专业划分工作集，将项目参与人员与工作集对应起来，从而借助"工作集"分配工作任务。Revit 的工作集将设计参与人员的工作成果通过网络共享文件夹的方式保存在中央服务器上，并将他人修改的成果实时反馈给设计参与者，以便及时了解修改和变更。工作集必须由项目负责人在开始协作前建立和设置，并指定共享存储中心文件的位置，定义所有参与设计人员的调用权限，不允许随意修改或获取其他工作集的编辑权限。当其他人员需要编辑非本人所属工作集中的图元时，必须经该工作集负责人员同意。当设计人员完成工作关闭项目文件时，为防止工作集被其他人员误改，建议选择"保留对图元和工作集的所有权"选项。

通过打开各工作集中的模型，设计负责人可以及时了解项目各专业人员的进度和修改情况，从而避免在传统二维设计中经常出现的由于不同专业之间相互交接图样及图样频繁更新而导致的专业之间图样版本不一致的问题。工作集是 Revit 中较为高级的协作方式，软件操作并不十分困难，需要特别注意设计人员的分配、权限设置，以及构件命名规则、文件保存命名规则等。

6）模型数据，信息整合。协同设计必然要涉及模型整合的问题，而模型整合涉及坐标位置的整合和模型数据、信息的整合。对于设定了共享坐标系的单体模型而言，模型的整合十分便捷。不同的 BIM 应用软件生成的模型数据格式并不一致，而且需要考虑多个模型的转换和集成，目前虽然有 IFC/GFC 接口标准以及各类软件之间研发的接口（例如鲁班软件基于 Revit 研发的 LubanTrans-Revit 插件）可以利用，但是会造成数据的丢失和不融合，这是目前制约 BIM 协同设计模式发展的重要症结。要解决这个问题，一方面需要设计人员严格遵循相关 BIM 模型的搭建规则和规范，另一方面也需要工程技术人员通过不断地研发创新开发出更优质的数据接口和插件。

(3) 小结

上述两种协同方式各有优缺点，理论上中心文件协同是更理想的协同工作方式，中心文件协同方式允许多人同时编辑相同模型，既解决了一个模型多人同时划分范围建模的问题，又解决了同一模型可被多人同时编辑的问题。但中心文件协同方式在软件实现上比较复杂，对软（硬）件处理大量数据的性能表现要求很高，而且采用这种工作方式对团队的整体协同能力有较高的要求，实施前需要进行详细的专业策划工作，所以一般仅在同专业的团队内部采用。

文件链接协同是十分常用的协同方式，链接的模型文件只能"读"而不能"改"，同一模型只能被一人打开并进行编辑。而在一些超大型项目或是多种格式模型数据的整合上，文件集成协同是经常采用的方式，这种集成方式的好处在于数据轻量级，便于集成大数据。并且，文件集成支持同时整合多种不同格式的模型数据，便于多种数据之间的整合，但一般的集成工具不提供对模型数据的编辑功能，所有模型数据的修改都需要回到原始的模型文件中去进行。

所以，在实际项目的协同应用上，大多是两种协同方式的混合应用，这可以认为是第三种协同模式："中心文件 + 链接"协同，进行优势互补。BIM 协同设计方法有很大一部分是协同设计要素控制，协同设计要素控制的细度或者标准越细致，对协同设计工作中协同程度的提升就越大，因此协同设计要素及软件操作要点在 BIM 协同设计方法中是不可或缺的重要环节。

3.2.2 Vico Office

Vico Office 是一个综合的 5D BIM 施工管理平台。Vico Office 可以读取各种格式的 BIM 模型，并对模型进行整合，从而进行碰撞分析、量算、预算、施工进度分析、文件管理等操作。Vico Office 的优势是一体化的工作模式和模型迭代功能，能适应设计施工一体化的项目管理，以及国外常用的 Design-Build（业主只管理一个合同和一个责任点，设计师和承包商从一开始就作为一个团队一起工作）项目。

Vico Office 由不同的模块组成，每一个模块对应一个功能。以工程算量为例，此功能就是通过"算量管理"的模块来实现的，管理人员可以在 Vico Office 内部通过对不同模块的切换来对各个功能进行应用。Vico Office 的模块包括：Vico Office 客户端、文件控制、可施工性管理、算量管理、成本计划、LBS 管理、进度计划、放样管理、工作包管理。Vico Office 是一个项目综合管理的平台，每个模块的功能都是和其他模块紧密联系在一起的。

（1）Vico Office 客户端

Vico Office 客户端不是一个应用功能模块，而是模型和模型信息的中心访问点，简单点说，Vico Office 客户端是项目管理人员进入 Vico Office 时首先进入的界面，管理人员可以通过 Vico Office 客户端进入各个其他模块。项目管理人员可以在这里新建一个项目，用于管理每个项目不同版本的模型，并查看模型成果。Vico Office 客户端还包括只读模式的成本计划、施工问题、4D 浏览功能，用于业主或管理层查阅工作成果。

（2）文件控制

"文件控制"模块是项目管理人员管理所有项目文件的一个端口。项目管理人员可以导入模型和二维图样，Vico Office 的"文件控制"模块可以管理模型和二维图样的不同版本，同时对不同版本进行识别，发现不同版本图样和模型中发生的变更。

（3）可施工性管理

"可施工性管理"模块与 Autodesk Navisworks 中的碰撞检测功能十分相像，从设定碰撞检测的规则到对各项问题进行标注和保存对应视点，再到生成报告，其工作流程都与 Autodesk Navisworks 相近。

（4）算量管理

"算量管理"模块可以使项目管理人员直接从模型中自动提取各类构件的工程量。用户可以在三维模型浏览模式中直观地查看各个算量所对应的模型构件。Vico Office 从模型中提取的工程量为实体工程量，如果要用于造价或现场实际工程量预估的话，需要添加相应的计算公式以考虑相关的损耗等系数。

针对在美国普遍使用的二维算量方法，Vico Office 也可以导入二维的图样，利用二维图样进行手动算量。和美国不相同的是，国内普遍使用图形算量方法，所以 Vico Office 的二维算量功能在国内的应用较少。但从 BIM 的发展趋势来看，在未来项目可直接从设计模型或深化设计模型中得出工程量，同时可辅以二维算量功能对模型深度无法达到的细节进行算量。

（5）成本计划

Vico Office 的"成本计划"模块是在"算量管理"模块的基础上，对工程算量进行组价。由于"算量管理"模块对模型工程量计算的只是实体量，所以在成本计划中要考虑到各个材料的扣减和损耗，这些都是通过计算公式添加到成本中去的。

当设定好一次成本计划的模板后，在模型更新时，Vico Office 能自动捕捉到模型的变化，并将变化反映到成本计划中，项目管理者可以对不同版本的模型进行对比。

"成本计划"模块还有成本浏览器功能，可以将成本的结构分解后以可视化的形式表示出来，并用颜色标记出各组成本的状态，分析成本计划在不同版本之间的变化。

（6）基于位置的计划管理

Vico Office 的"LBS 管理"模块让项目管理人员可以在项目中自定义施工流水段，流水段既可以按楼层和分区进行组合，也可以按照专业进行划分。流水段划分后，前期计算的工程量和造价可以按流水段自动分解。Vico Office 基于位置的计划管理功能对后期进度计划模块中的线性计划以及项目的管理至关重要。

（7）进度计划

"进度计划"模块是 Vico Office 区别于其他 5D 平台最有特色的一个功能。不同于其他 5D 软件将进度挂接模型，Vico Office 本身就是一个计划编排的工具，项目也可按照传统的 4D 流程将 Project 的计划导入 Vico Office，再通过与模型的挂接形成 4D。但这样操作将无法体现出 Vico Office 的计划编排优势。

运用 Vico Office 的计划工具，用户可以将"算量管理"模块中基于模型提取的工程信息、成本计划模块中的资源数量同从计划任务中分解的 WBS、LBS 管理中的流水段整合起来，并直接编排计划。

（8）放样管理

Vico Office 的"放样管理"模块可以让用户将测量点放置到 BIM 模型中对应的位置上，并公布这些点，以在全站仪中使用。同时，可以将现场测量的点输入 Vico Office 中，将竣工点位位置和设计点位位置做对比。

（9）工作包管理

Vico Office 的"工作包管理"模块让用户可以对预算的工作项进行分组，通过将不同层级的造价映射到定义的工作包中，用于建立不同工作项和分包商报价之间的联系。

3.2.3 ProjectWise

ProjectWise 是一款项目协同工作系统，主要功能包括文档储存与管理功能、协同工作、沟通消息及工作流程管理等。可以将 ProjectWise 理解为一个具有协同工作和流程处理的文档处理平台。ProjectWise 为工程项目或企业的文档管理提供了一个集成的协同环境，使项目管理人员在不同的办公地点可获取或传递项目的信息，使得项目中的每一个人都基于一个统一的项目信息开展工作。

ProjectWise 最初在流程工业及企业管理中应用较为广泛，在国内的民用建筑项目中的应用还处于一个推广的阶段。根据实际参与的民用建筑项目的经验反馈，ProjectWise 的常用功能可以概括为以下几点：

（1）文档储存与管理功能

与大部分协同平台一样，文档的储存与管理是 ProjectWise 的基本功能之一，也是项目使用十分频繁的平台功能之一。项目管理人员可将工程文档存储于 ProjectWise 平台上，使 ProjectWise 成为所有项目信息的统一来源。同时，管理人员还可按具体需求建立文档结构和对应的管理职责与权限。ProjectWise 可以记录每个用户对文档所做的所有操作，所以管理人员可查看文档的变更记录和使用记录。文件被使用时，旧的文档及数据版本将被自动地保存，并被保持在它们最终所处的状态。当新的文档及数据版本被建立后，旧的文档及数据版本将被转换为只读版本，只有新的版本才能被检出、修改并放回项目库。管理人员也可直接将文件复制出 ProjectWise，创建不受控制的本地文件。

（2）文件使用功能

项目使用 ProjectWise 平台可以直接浏览 Revit、DGN/DWG、Office 等格式的文档，不需要再安装相应的程序，此项功能对于项目管理人员的日常文件管理提供了很大的便利。目前，很多同类的协同平台也具备了此功能。

除此之外，项目管理人员还可以在其允许的权限内在 ProjectWise 上直接对文件进行使用或编辑，包括 Bentley 的 MicroStation 系列、AutoCAD、Word 等文件格式。但是要实现此功能需要管理人员在对应的应用程序中打开文件并进行编辑，编辑完后可以直接将修改的内容重新录入 ProjectWise 平台里。目前，具备直接编辑文件功能，尤其是对 BIM 相关的文件进行编辑的协同平台较少，ProjectWise 这项功能与其他同类平台相比具有性能优势。

（3）协同工作功能

与其他同类平台相比，ProjectWise 的显著优势是它的协同工作功能。项目管理人员可以通过 ProjectWise 平台多人同时编辑同一文件。以 Autodesk Revit 为例，项目管理人员可以在 ProjectWise 平台上建立中心文件，从而所有人可在不同地点同时编辑 Revit 的中心文件并同步。同时，ProjectWise 可以实现中心文件的详细历史记录、中心文件的版本控制、中心文件访问权限的控制等功能。

除了 Revit 文件外，AutoCAD、MicroStation、Office 等格式的文件均可在 ProjectWise 上实现协同工作。目前，市场上具备此功能的平台较少，这项功能也是 ProjectWise 的核心竞争力之一。

（4）搜索功能

ProjectWise 的搜索功能较为丰富，既可以根据各类文档的属性进行搜索，包括名称、时间、创建人、文件格式等；也可以根据项目情况自定义一些属性，根据这些自定义属性进行查询。同时，也能以全文检索的方式将 PDS 文件中的各种信息抽取出来形成搜索。此项功能在项目进行到后期，文件架构和内容十分庞大时尤其重要。

（5）沟通消息及工作流程管理

项目管理人员既可以利用 ProjectWise 相互发送内部邮件，通知对方设计变更、版本更新或者项目会议等事项，也可以将系统中的文件作为附件发送。同时，ProjectWise 还支持自动发送消息，当发生某个事件（例如版本更新、文件修改、流程状态变化等）时，会自动发出一个消息，发送给预先指定的接收人。另外，管理人员可以根据不同的业务规范，定义自己的工作流程并且赋予相关人员在各个状态的访问权限。

此项功能也是 ProjectWise 非常重要的功能，尤其是对于企业级的用户。但是，由于国内企业基本都有内部的沟通和工作处理平台，所以 ProjectWise 的此项功能使用较少。对于部分无内部工作平台的中小型企业，可以使用 ProjectWise 来完成工作流的处理。

（6）其他功能

ProjectWise 可以与微软公司的 SharePoint 进行集成，用户通过 SharePoint 门户就可以对企业文档、目录以及组件进行管理。同时，ProjectWise 提供了开放的接口，可以和其他管理系统（Documentum、FileNet、SAP）进行数据集成，并提供了程序的二次开发包。

课 后 习 题

一、单项选择题

1. Revit 协作模式中，适用于相关设计人员使用同一个软件进行设计的方式是（　　）。

A. 中心文件协同方式　　　　　　　　B. 文件链接协同方式

C. BIM 协同设计方法　　　　　　　　D. 不能实现

2. Revit 协作模式中，适合大型项目、不同专业之间协作或设计人员使用不同软件进行设计的情况的是（　　）。

A. 中心文件协同方式　　　　　　　　B. 文件链接协同方式

C. 文件协同设计方法　　　　　　　　D. 不能实现

3. 关于建模细度说法错误的是（　　）。

A. 建模细度是描述一个 BIM 模型构件单元从概念化的程度发展到最高层次的演示级精度的步骤

B. 设计人员在建模时，首要任务是根据项目的不同阶段以及项目的具体目的来确定模型的细度等级，根据不同等级所概括的模型细度要求来确定建模细度

C. 只有基于同一建模细度来创建模型，各专业之间在进行模型协同共享时才能最大限度地避免数据丢失和信息不对称

D. 建模细度不能规定在项目的各个阶段各模型授权使用的范围

4. 关于 Vico Office 说法错误的是（　　）。

A. Vico Office 客户端就是一个应用功能模块

B. Vico Office 的优势是其一体化的工作模式和模型迭代功能，能适应于设计施工一体化的项目管理

C. Vico Office 也可以导入二维的图样，利用二维图样进行手动算量

D. 当设定好一次成本计划的模板后，在模型更新时，Vico Office 能自动捕捉到模型的变化，并将变化反映到成本计划中，项目管理者可以对不同版本的模型进行对比

5. 关于 ProjectWise 说法错误的是（　　）。

A. ProjectWise 最初在流程工业及企业管理中应用较为广泛

B. ProjectWise 在国内民用建筑项目中的应用非常广泛

C. 与其他同类平台相比，ProjectWise 的显著优势是它的协同工作功能

D. ProjectWise 可以对 BIM 相关的文件直接进行编辑

二、多项选择题

1. Revit 主要的协作模式包括（　　）。

A. 文件集成协同方式　　　　　　　　B. BIM 协同设计方法

C. 中心文件协同方式　　　　　　　　D. 文件链接协同方式

E. Auto CAD 协同设计方法

2. 关于 Revit 协同方式，说法正确的是（　　）。

A. 理论上中心文件协同是更理想的协同工作方式

B. 文件链接协同是十分常用的协同方式

C. 文件集成协同是经常采用的方式

D. 在实际项目的协同应用上，大多是两种或三种协同方式的混合应用

E. 在实际项目的协同应用上，大多只有一种协同方式的应用

3. 根据不同的项目参与方及相互之间的协同特点，应先做好协作准备，包括（　　）。

A. 制定 BIM 各相关方的协同目标

B. 对 BIM 相关方的协同进行技术分析

C. 搭建符合项目规模和特点的 BIM 协同平台

D. 制定协同数据安全保障措施

E. 搭建会议沟通机制

4. 符合项目规模和特点的 BIM 协同平台包括（　　　）。

A. 图文档管理系统　　　　　　　　　B. 电子签名系统

C. 打印归档系统　　　　　　　　　　D. 图样安全系统

E. 即时通信系统

5. 基于 BIM 技术的各参与方协同的应用主要包括（　　　）。

A. 基于协同平台的信息管理

B. 基于协同平台的流程管理

C. 基于协同平台的职责管理

D. 会议沟通协调

E. 图样修改协调

第二部分 业主方的 BIM 项目经理

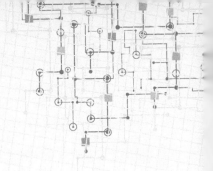

第4章　概述

第1节　业主方 BIM 项目经理的职责和要求

4.1.1　什么是业主方的项目管理

业主方的项目管理相比于其他参建方的项目管理，是唯一涵盖建筑全生命周期各阶段的项目管理，从项目工程可行性研究到项目竣工交付，直至运营报废均有涉及，业主方的项目管理应在工程项目的全寿命周期的各个阶段都有所体现。并且，业主方作为项目的发起方应对各参建方进行全方位管理，主要任务是目标控制，涉及项目管理的全部维度，包括安全、进度、质量、成本等。

4.1.2　什么是业主方的 BIM 项目管理

首先要明确业主方能够利用 BIM 技术实现什么目的、解决什么问题，如何有效地利用 BIM 技术进行项目管理。一般来说，业主方往往会利用 BIM 技术对工程项目的规划、设计、进度、安全以及质量进行可视化控制，对投资进行管控，并通过 BIM 技术对工程建设期的模型资料与信息资料进行有效的积累，为后续的运维阶段服务。

当前阶段，业主方的 BIM 项目管理的应用比较普遍，一般针对的是以下三个方面：

（1）项目管理的可视化

项目管理的可视化是指对规划、设计以及施工阶段进行动态管理，减少各阶段的错、漏、碰、缺，控制工程的整体周期。

（2）工程投资的可视化

工程投资的可视化一般是指工程量的形象展示，使投资进度更直观。

（3）资产管理的可视化

资产管理的可视化是指通过 BIM 模型与工程各阶段的信息管理，为后续的资产管理提供完备的资料与可追溯的历史信息。

4.1.3　业主方 BIM 项目经理的工作范围

根据项目管理的全过程，业主方 BIM 项目经理的工作范围应该包括规划阶段、设计阶段、招标阶段、施工阶段、运维阶段。

（1）规划阶段

在业主方的规划阶段，BIM 项目经理应进行以下管理工作：

① 初步规划。

② 规划数据分析。

（2）设计阶段

在业主方的设计阶段，BIM 项目经理应进行以下管理工作：

① 协同工作。基于 BIM 的设计协同管理平台掌握设计以及 BIM 建模工作的进度与成果情况，实现对设计与模型的协同管理。

② 图样检查。利用 BIM 模型对建筑结构中的复杂空间表达更为直观的特点，组织设计方根据模型的情况检查图样可能出现的错、漏、碰、缺等问题，提升图样的质量。

③ 管线综合检查。利用 BIM 技术的可视化功能，组织建模人员对多专业图样进行整合，利用 Navisworks 等软件对模型进行自动碰撞检查，配合设计方进行图样调整。

④ 工程量校核。现阶段，工程造价算量由于存在图形不够逼真、对设计意图的理解容易产生偏差、需要重新对图样搭建模型、工作周期长等问题，工程量可能存在一定的误差。利用 BIM 技术，组织 BIM 技术人员通过软件的自动统计功能，快速进行 BIM 算量，根据模型直接生成的工程量能够有效地对原工程量进行校核。

⑤ 数字模拟分析。基于 BIM 模型，组织 BIM 技术人员利用计算机仿真技术对拟建工程进行性能分析，例如光照、风环境、噪声、能耗、绿色建筑等分析，辅助相应的报建工作。

（3）招标阶段

在业主方的招标阶段，BIM 项目经理应进行以下工作：

① 配合各专业完成招标过程总需求书的编制。

② 完成与 BIM 相关的招标技术需求书的编制。

（4）施工阶段

① 在施工阶段，业主方关注更多的是进度管理、安全管理以及质量管理。

施工进度管理方面，BIM 项目经理应组织施工单位利用 BIM 模型进行工程模拟，确保施工组织的合理性，优化施工工序和进度计划；利用模型以及相应的协同管理平台，确定各施工方的实际工程进度，除制作传统的进度报表外，还需具备三维可视化进度展示的能力。

② 施工安全管理方面，BIM 项目经理应组织建模人员根据施工场地布置以及施工现场的实际情况调整模型，将 BIM 技术与传统的安全管理平台相结合，将现场的视频信息、监测信息以及各项隐患信息可视化地展示在平台上，辅助业主方进行有效的安全管理。

③ 施工质量管理方面，BIM 项目经理应组织各参与方对施工资料进行及时有效的存档，组织施工方参照模型进行施工。在工程验收时，组织建模人员对模型进行调整，保证施工质量的真实性与可追溯性。

在施工结束前的 3 ~ 6 个月，业主方 BIM 项目经理应该组织一次竣工预交底，对各小专业分包、二次机电、精装、弱电智能化在施工最后阶段的工作进行交底和协同，确保竣工交付阶段的工作顺利实施。

（5）运维阶段

在规划、设计和施工阶段全部或部分应用了 BIM 技术的项目中，因为已经进行了对于 BIM 的投资，也生产出了 BIM 模型和各类相关成果文件，这些成果是业主方已经拥有的技术和数据资产，必须对其进行运维阶段的延续应用，以产生更大的业主收益。实施基于 BIM 的运维管理，能够大幅度提高运维管理的质量和效率、降低运维管理的成本（尤其是人员成本）；并可以在原有 BIM 模型和数据的基础上，不断完善和丰富由 BIM 模型提供的三维场景下的数据，为业主未来进行基于大数据和人工智能的项目运维和模式创新打下基础。

在业主方确定物业运维管理服务提供商的同时，需要确定基于 BIM 的运维管理系统。

4.1.4 业主方 BIM 项目经理的职责

业主方 BIM 项目经理的职责如下：

（1）参与业主方的 BIM 项目决策，制订项目级的 BIM 管理方案以及 BIM 工作计划。

（2）建立并管理项目 BIM 团队，确定各角色人员的工作职责与权限，并定期进行考核、评价和奖惩。

（3）负责工作环境的保障监督工作，监督并协调软（硬）件技术人员完成项目所需的软（硬）件以及网络环境的建设。

（4）确定项目中的各类 BIM 标准及规范，例如项目的大方向、管理方案、建模原则、协同模式、沟通机制等。

（5）负责对 BIM 工作进度的管理与监控。

（6）组织、协调人员进行各专业 BIM 模型的建立，以及模型的分析与应用工作。

（7）负责各专业的综合协调工作，例如设计过程中的管线综合、专业协调。

（8）负责 BIM 交付成果的质量管理，包括阶段性检查以及交付验收，组织解决项目中的疑难问题。

（9）负责对外的数据接收与交付，配合业主方进行数据的检验、移交工作。

4.1.5 业主方 BIM 项目经理的要求

业主方 BIM 项目经理的要求如下：

（1）能够从公司战略角度出发，将 BIM 很好地融入业主方管理系统或者是应用于实际工作之中。

（2）具备土建、机电、暖通、工民建等相关专业背景，具有丰富的建筑行业实际项目的设计与管理经验。

（3）熟悉 BIM 建模及相关专业软件。

（4）熟悉 BIM 项目管理平台的相关需求，了解平台产品的体系架构以及应用模式。

（5）具有良好的组织能力与沟通能力。

第2节　BIM 团队的组建和职责

目前，业主方 BIM 团队主要分为两种形式：

（1）外聘专业的 BIM 咨询团队

外聘专业的 BIM 咨询团队进行全过程的 BIM 技术服务，业主 BIM 项目经理负责对该 BIM 咨询团队进行监督与管理。

（2）自行组建 BIM 中心

自行组建 BIM 中心既是业主方实施 BIM 管理的必经之路，也是企业进行数字化、信息化管理的必经之路。BIM 中心的人员组成及职责如下：

1）BIM 项目经理（1 人）。BIM 项目经理的职责同 4.1.4 节业主方 BIM 项目经理的职责。

2）BIM 模型负责人（各专业各一人）。BIM 模型负责人的职责如下：

① 负责 BIM 模型的创建与审核工作。

② 配合项目需求，负责 BIM 的可持续设计，其中包括绿色建筑设计、节能分析、装修效果仿真等。

③ 负责对模型附着的几何与非几何信息进行校核。

④ 负责对模型关联建设期的资料进行校核。

3）BIM 建模员（3~6 人）。BIM 建模员的职责如下：

① 负责对工程项目从方案到施工图阶段的图样进行建模工作。

② 负责利用 BIM 模型进行模型应用，其中包括设计方案比选、施工模拟、管线切改模拟、重点工艺工法模拟等。

③ 负责为模型录入几何与非几何信息。

课 后 习 题

单项选择题

1. 项目经理的项目管理核心任务是（   ）。

A. 进度控制   B. 成本控制   C. 目标控制   D. 质量控制

2. 业主方的 BIM 项目管理主要针对以下哪方面进行（   ）。

A. 项目管理的可视化   B. 支付管理的可视化

C. 组织结构的可视化   D. 合同的可视化

3. 利用（   ）等软件对模型进行自动碰撞检查，配合设计方进行图样调整。

A. Revit   B. Navisworks   C. Lumion   D. 3ds Max

4. 业主方项目经理参与 BIM 项目决策，应制订（   ）的 BIM 管理方案。

A. 项目级   B. 企业级   C. 部门级   D. 业务级

5. 业主方项目经理在设计阶段不包含的工作是（   ）。

A. 图样检查   B. 管线综合检查   C. 规划数据分析   D. 工程量校核

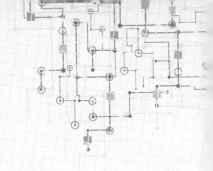

第 5 章 设计阶段 BIM 应用管理

第 1 节 设计招投标阶段的 BIM 应用管理

在设计招投标阶段，业主方的 BIM 应用主要体现在以下几个方面：

（1）数据共享

BIM 模型的直观化、可视化能够让投标方快速地深入了解招标方所提出的条件、预期目标，保证数据的共通、共享及追溯。

（2）经济指标精确控制

基于 BIM 模型，有助于业主方提高经济指标的精确性与准确性，避免建筑面积、限高以及工程量的不确定性。

（3）无纸化招标

基于 BIM 的信息协同共享的特点，既能增加信息的透明度，还能节约大量的纸张，实现无纸化招标。

（4）削减招标成本

基于 BIM 技术的可视化和信息化，可采用互联网平台低成本、高效率地实现招投标的跨区域、跨地域实施，使招投标过程更透明、更现代化，同时能降低成本。

第 2 节 方案设计中的 BIM 应用管理

方案设计主要是指从建筑项目的需求出发，根据建筑项目的设计条件研究和分析满足建筑功能与建筑性能的总体方案，提出空间架构设想、创意表达形式及结构方式的初步解决方法等，为项目设计后续若干阶段的工作提供依据及指导性的文件，并对建筑的总体设计方案进行初步的评价、优化和确定。

在方案设计阶段，业主方的 BIM 应用主要是利用 BIM 技术对项目的可行性进行验证，对下一步深化工作进行推导和方案细化；利用 BIM 软件辅助业主方对建筑项目所处的场地环境进行必要的分析，例如坡度、方向、高程、纵（横）断面、填（挖）方、等高线、流域等，作为方案设计的依据；进一步利用 BIM 软件建立建筑模型，输入场地环境相应的信息，进而对建筑物的物理环境（例如气候、风速、地表热辐射、采光、通风等）、出入口、人车流动、结构、节能排放等因素进行模拟分析，选择最优的工程设计方案。

方案设计阶段的 BIM 技术应用主要包括利用 BIM 技术进行概念设计、场地规划和方案比选，该阶段的项目管理也要围绕其开展工作。

第 3 节 施工图设计中的 BIM 应用管理

在施工图设计阶段的 BIM 应用包括基础 BIM 模型的创建以及基于 BIM 模型的增值服务，其中基于 BIM 模型的增值服务主要包括以下内容：①工点设计方案的模拟展示；②管线切改模拟展示；③交通导行模拟展示；④场地现状模拟仿真展示；⑤装修效果模拟；⑥面积明细统计；⑦形象工程量统计；⑧管线综合辅助设计；⑨管线预留孔洞检查；⑩机电设备、装修整合与优化。

1. 基础 BIM 模型的创建

基础 BIM 模型创建的工作是结合工程项目 BIM 应用的需求，依据业主方制定的 BIM 模型创建标准，创建满足项目目标的相关 BIM 模型，并负责设计、施工阶段模型应用过程中的深化、变更等工作，模型深度需符合业主发布的相关实施标准，各专业需要建立的模型应至少包括（不限于）表 5-1 所示的建筑信息。

表 5-1 基础 BIM 模型的建模信息

序号	基础 BIM 模型	三维模型信息
1	建筑结构模型	1. 填充墙等二次结构 2. 门、窗 3. 幕墙 4. 栏杆、栏板、围挡 5. 建筑柱 6. 楼梯、电梯、扶梯 7. 卫生设备、轨道交通、便民服务设施布置示意 8. 轨道交通出入口雨篷 9. 排水沟、电缆沟 10. 沟盖板、井盖板、井圈 11. 结构基础及支护 12. 结构柱 13. 结构梁 14. 结构板 15. 结构墙 16. 钢结构构件，包括肋板、节点连接等 17. 结构留洞 18. 人防结构 19. 其他建筑结构图中所画的构件，且可区分是否带防火漆

（续）

序号	基础 BIM 模型	三维模型信息
2	机电设备模型	1. 空调风系统：空调风系统管道（包括矩形金属风道、圆形金属风道）、连接件（包括软管、风道软接头）、管道末端（包括排烟风口、矩形回风口、矩形送风口、圆形送风口、单层百叶风口）、阀门［包括防火阀、排烟防火阀（常开）、排烟防火阀（常闭）、电动多叶调节阀、多叶调节阀、风道蝶阀、风道止回阀、矩形风管三通调节阀］、风管消声器、消声弯头、消声静压箱、矩形弯头导流叶片、空调设备机组（包括新风机组、消防排烟专用风机、离心风机箱、轴流风机、混流风机、新风热回收机组等） 2. 空调水系统：空调水系统管线、管件、连接件（包括金属波纹管、橡胶软接头）、阀门及计量表（包括闸阀、平衡阀、自动排气阀、电动两通阀、电动调节阀、热计量表、压力表及表阀、温度计）、卧式暗装风机盘管机组、离心式变频冷水机组、空调热水循环泵、空调冷冻水循环泵、空调冷却水循环泵、真空脱气机、空调水变频补水装置、空调水系统软化水箱、微晶旁流水处理器等 3. 给排水系统：加压给水、中水给水、加压中水给水、废水排水、压力废水排水、污水排水、压力污水排水、雨水排水、压力雨水排水、透气阀等的温度计、温度传感器、流量传感器、管线支（吊）架、水泵、水箱等 4. 消防系统：消防箱、喷淋头、自动排气阀、压力表及表阀等 5. 配电设备（变压器、柴油发电机、配电柜、配电箱等）、桥架、梯架、穿线管（直通、弯通、三通、四通、变高、调角片等）、灯具（荧光灯、筒灯、安全低压灯、声光报警灯、疏散指示灯、安全出口指示灯等）、开关（单联/双联/三联单控开关、延时开关、防爆开关等）、插座（五孔插座、烘手器插座、空调插座、开水器插座、电视电话插座等）、控制设备（分支分配器箱、数字控制箱、广播切换箱、消防水炮控制箱、气体灭火控制器、控制模块等）、报警救援设施（紧急求助按钮、手动报警按钮、火灾报警电话、声光警报器、扬声器等）、监控设备（摄像机、红外线发射器/接收器等）、门禁系统（读卡器、出门按钮、电控锁、门磁开关等）、探测设备（双鉴探测器、感温探测器、感烟探测器、可燃气体探测器等）、信息出线口、无线巡更点及端子箱等 6. 人防防护设备、防淹门等 7. 以及其他图纸中所表达的构件和设备
3	装修模型	1. 墙面、踢脚板、地面、吊顶的造型及饰面做法 2. 建筑内固定设施、活动设施示意 3. 吊顶上的各种风口、灯具、消防喷淋、烟感探头、视频系统终端、扬声器 4. 卫生间洁具及连接件、台柜 5. 卷帘、消防栓箱、检修口 6. 其他图样中表达的构件

2. 基于 BIM 模型的增值服务

基于 BIM 模型的增值服务的工作是基于基础的 BIM 模型开展 BIM 的增值应用工作，其在设计阶段的基本应用主要包括但不限于以下内容：

（1）工点设计方案的模拟展示

根据施工图设计阶段的 BIM 模型、基于展示工点的主体结构与附属结构的位置及其与周边环

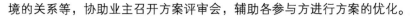

境的关系等，协助业主召开方案评审会，辅助各参与方进行方案的优化。

（2）管线切改模拟展示

地下管道在切改施工前，根据业主方、产权单位及设计方的地下管道搬迁方案快速搭建起地下管道 BIM 模型；根据管线的种类、管线的状况、影响程度等模拟管线搬迁方案及变更方案，并辅助各参与方优化方案。

（3）交通导行模拟展示

根据设计方的交通导行方案搭建 BIM 模型，分阶段模拟不同工况下的交通导行方案，以动态模拟演示的方式展现，并通过分析车辆、行人的通行能力来辅助相关单位检查和分析方案的可行性，并通过沟通协调优化方案，为实际施工提供技术指导。

（4）场地现状仿真模拟展示

根据项目建设各阶段施工场地及周边的真实环境，建立开工前、施工各时期的施工区域三维场地模型，有助于施工单位对施工场地进行全面掌握；结合安全文明施工要求，全线布置统一样式的施工围挡、标识标语、"五图一牌"等安全文明防护措施，指导施工单位进行安全文明施工建设。

（5）装修效果模拟

按照装饰装修设计方案建立 BIM 辅助设计模型，对模型加入材质信息、颜色信息、光源信息等，仿真模拟建筑内部场景的真实效果，辅助沟通并优化装修方案。通过模型的模拟展示，对装修本身的效果、空间、标高的校核，实现各类设施的平衡设置。

（6）面积明细统计

根据建筑模型导出房间面积明细，精确统计房间各项常用面积指标，辅助进行技术指标测算；同时，能在建筑 BIM 模型修改的过程中发挥关联修改作用，实现房间面积的精确快速统计。

（7）形象工程量统计

基于各阶段的 BIM 模型提取实体模型构件的工程量信息和构件属性信息，导出形象工程量表，辅助业主进行进度管理和支付管理等。

（8）管线综合辅助设计

在施工图设计阶段整合各专业（建筑、结构、机电等）的 BIM 模型，综合检查各类管线内部、管线与设备、管线与结构等专业之间的碰撞冲突问题；充分考虑施工安装、装修空间、强制要求、运维检修、使用便利等空间影响因素，综合检查各类管线之间排布的合理性问题，编制《碰撞检查与设计优化联系单》提交给设计单位，辅助、指导设计单位进行设计优化。

（9）管线预留孔洞检查

根据碰撞检查与空间净高检查等调整各专业的 BIM 整合模型，并协调与优化墙、板、柱等结构构件的预留孔洞（包含立管开孔、隔墙管线开孔等），提供《预留孔洞检查与设计优化联系单》，辅助设计单位优化设计图样，避免后期因预留位置不准确或未预留而重新开洞造成结构破坏和浪费。

（10）机电设备、装修整合与优化

基于 BIM 模型，将 FAS（火灾报警系统）、ACS（门禁系统）、EMCS（电力自动化系统）、气体灭火系统、信号、通信、动力及照明、给排水、装修九个专业的墙面箱柜（设备）、设备间设备进行整合。结合 BIM 技术对各专业的墙面箱柜（设备）、设备间设备的布置进行优化，明确安装方式及安装位置，使其满足功能要求、装修原则，使墙面箱柜（设备）、设备间设备的布置美观整齐。

基于控制中心、车辆段 BIM 模型，将通风、给排水、强电、弱电四个专业的墙面箱柜（设备）、设备间设备进行整合。结合 BIM 技术对各专业的墙面箱柜（设备）、设备间设备的布置进行优化，明确安装方式及安装位置，使其满足功能要求、装修原则，使墙面箱柜（设备）、设备间设备的布置美观整齐。

第4节 多方协同

协同是 BIM 的核心概念，BIM 技术与协同设计技术已经成为互相依赖、密不可分的整体。在工程建设项目的设计过程中，需要建筑、结构、设备等多个专业相互协作，将不同专业的建筑信息模型链接起来，这在设计过程中不仅能有效地利用建筑空间，也能优化管线的排布。

目前，协同设计是设计方技术更新的重要方向，一般通过协同技术建立一个交互式协同平台。在该平台上，所有的专业设计人员进行协同设计，不仅能看到和分享本专业的设计成果，还能及时查阅其他专业的设计进程，进而减少专业内部以及各专业之间由于沟通不及时造成的图样错、漏、碰、缺等问题，实现图样信息的统一，提升设计的效率和质量。同时，通过协同设计可以有效起到规范化管理的作用，通过协同将不同的设计方统一到一套管理体系下，从进度管理、质量管理、文件管理以及人员管理等多个角度出发，将设计管理可视化、信息化，避免信息孤岛的形成。

业主方与设计单位的协同主要体现在设计单位根据业主方的 BIM 技术标准要求创建设计模型，并起到监督落实的作用。在工程可行性研究阶段、初步设计阶段和施工图设计阶段，依据业主方的标准与需求，开展优化设计方案、提高设计质量的 BIM 应用工作，并提供最终的 BIM 模型成果。在此过程中，业主方需要对设计单位提供的各项成果进行监督、审核与验收。

业主方与施工单位的协同主要体现在施工单位依据业主方提供的 BIM 技术标准要求，结合工程设计方案、施工工法与工艺以及项目管理要求完善施工图设计模型，形成施工模型并提交给业主方审查。业主方将施工单位提交的 BIM 模型与施工单位的进度、质量、安全等信息相结合，更加高效地进行项目管理。

课 后 习 题

多项选择题

1. 多方协同主要体现在哪几个方面的协同（　　　）。

A. 建设单位与设计单位的协同

B. 设计单位内部各专业的协同

C. 政府部门与建设单位的协同

D. 施工单位内部深化设计与加工的协同

2. BIM 技术在企业招投标阶段的主要功能是（　　　）。

A. 数据共享　　　　　　　　　　B. 经济指标精确控制

C. 无纸化招标　　　　　　　　　D. 削减招标成本

3. 施工图设计中的 BIM 应用管理主要针对哪些模型开展应用（　　　）。

A. 建筑结构模型　　B. 机电设备模型　　C. 装修模型　　　　D. 以上模型均包含

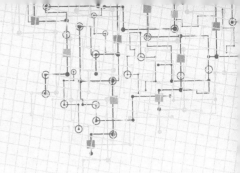

第 6 章　施工招投标阶段 BIM 技术应用

BIM 技术的应用已经成为我国建筑企业的一个大方向与趋势，越来越多的企业加入到了 BIM 行业之中，BIM 在招投标阶段也表现出了相较于传统工具的优势。业主方的项目管理是建设项目管理的核心，建设项目在招投标阶段引入 BIM 技术，通过 BIM 模型帮助业主检查设计院提供的设计方案在满足多专业协调、规划、消防、安全以及日照、节能、建造成本等各方面要求上的表现，保证提供正确和准确的招标文件。业主方可以提前对所关注的问题有一个清晰的了解，例如成本精细化管理、进度计划、施工平面布置、重要施工方案和工艺、质量安全等，基于 BIM 技术可以快速、准确地编制工程量清单，可以对工程量实现精确化的统计。通过建立信息平台，可提高项目部内部管理人员的工作效率，提高招投标的质量，增强与发包人的联系，消除设计对施工进度的影响。

第 1 节　BIM 技术在施工招标阶段的应用

BIM 技术在施工招标阶段的应用主要体现在编制招标控制价方面，所以创建各专业的 BIM 模型是施工招标阶段 BIM 应用的重要基础工作。BIM 模型是一个富含工程量信息的数据库，借助 BIM 模型可以快速、准确地统计各种构件的工程量，代替了传统的人工手算，这不仅增加了工程概算的准确性，同时也提高了工程概算的效率。BIM 技术不仅为工程造价的计算带来了极大的变革，同时为业主方节约了大量的人力、物力、财力。

第 2 节　BIM 技术在施工投标阶段的应用

建筑工程投标是施工单位承接工程的关键环节，将 BIM 技术运用到工程建设投标过程中，借助 BIM 技术的可视化不仅可以对项目进行成本精细化管理，同时可以更加形象、立体地展示施工方案、进度计划安排，解决了复杂施工工艺和质量安全等方面不能有效展示的难题，施工单位可制订出更好的投标方案，提升企业竞标能力；同时，业主方可以更加清晰地理解施工单位提供的方案，从而帮助业主方选择最有利的实施方案。

BIM 技术带来的更好的技术方案、更精准的报价，无疑提高了招投标的质量。BIM 技术是建筑业的新技术，解决了传统模式下招投标阶段难以快速、准确地进行算量和产生信息孤岛的难题，极大地提高了各参与方之间的信息交流与工作协同，使工作效率、工程量的准确度大幅提升。

课 后 习 题

一、单项选择题

1. 建设项目在招投标阶段引入 BIM 技术，通过 BIM 模型可以帮助业主进行以下哪项工作（　　）。

　A. 提供项目进度计划

　B. 提供工程量清单

　C. 提供项目实施方案

　D. 检查设计方提供的设计方案

2. BIM 技术在施工招标阶段的应用主要体现在（　　）。

　A. 编制招标控制价

　B. 工程量统计

　C. 运维管理

　D. 深化设计

3. 下列哪一项不是招投标阶段建立信息平台带来的好处（　　）。

　A. 提高项目部内部管理人员的工作效率

　B. 提高招投标的质量

　C. 延长项目招投标时间

　D. 增强与发包人的联系，消除设计对施工进度的影响

二、多项选择题

1. 建设单位在招标控制阶段的 BIM 应用有哪几点（　　）。

　A. 基于 BIM 技术可以检查设计方提供的设计方案

　B. 基于 BIM 技术可以实现快速准确地编制工程量清单

　C. 基于 BIM 技术的成本精细化管理

　D. 基于 BIM 技术的运维管理

　E. 基于 BIM 技术的招标管理

2. BIM 技术在施工招标阶段的应用优势在哪里（　　）。

　A. 增加了工程概算的准确性

　B. 提高了工程概算的效率

　C. 提升了施工方的竞标能力

　D. 节省了招投标阶段的成本

　E. 优化评标质量

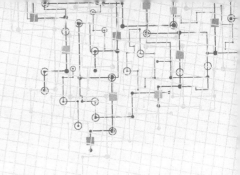

第7章　第三方的 BIM 应用管理

第1节　建立以业主为主导多方推荐的 BIM 机制

　　BIM 作为一种有利于建筑工程信息化全生命周期管理的技术，其在未来建筑行业中将起到不可或缺的作用。而建立以业主为主导多方推荐的 BIM 机制，能更快地促进 BIM 技术在建筑行业生态圈中更好地应用与发展。

　　业主方通过 BIM 技术的管理手段使第三方更加紧密地联系在一起，通过合理有效地整合各参与方的力量共同推进 BIM 技术在项目建设管理中的应用。由业主方牵头，针对各参与方在项目建设管理中的常见问题和面临的困难，从各方对 BIM 技术的不同需求出发，使各参与方基于 BIM 技术建立统一的目标及合作共享平台，可以使用统一的 BIM 软件组合进行数据信息的传递、共享，建立起更为紧密的伙伴关系，建立一种信息集成的面向项目全过程的团队组织。该机制建立后，改变了原来单一建设主体（业主方/设计方/施工方等）以单一角度去研究的形式，BIM 技术不能有效贯彻执行的情况；解决了建设项目各参与主体之间理念不统一，信息传递不对称、不及时增加项目成本，影响工程建设的问题。不管各参与方使用市场上哪款软件进行模型的建立，业主方 BIM 项目经理需要树立一个信息模型交付的标准，进行模型的传递性使用，避免出现模型信息无法传递到各参与方的情况。

第2节　分析和明确各参与方常见的 BIM 技术目标

　　各参与方常见的 BIM 技术目标如下：

1. 数据信息整合

　　随着 BIM 技术在建筑行业的普遍应用，各参与人员也意识到了模型数据信息的重要性。在一个项目的建设中，有多个参与方参与，也就形成了多个信息孤岛。而 BIM 技术的进入，是为了更好地把这些数据信息整合起来，拥有统一的数据格式，能在各方之间流畅地进行共享。这就意味着业主需要建立统一的数据交付标准，从而使各参与方有对各自的模型数据进行维护的职责。

2. 场地分析

　　场地分析是研究影响建筑物定位的主要因素，是确定建筑物的空间方位和外观、建立建筑物与周围景观之间联系的重要过程。在项目前期的规划阶段，场地的地貌、植被、气候，建筑周边的交通路线及建筑的采光等条件是需要考虑到的影响设计决策的因素。

而 BIM 技术正是通过结合地理信息系统（Geographic Information System，简称 GIS）对场地及拟建的建筑物空间数据进行建模，通过 GIS 与 BIM 软件的强大计算能力快速得出分析结果，有利于项目前期规划阶段的评价及分析。而各参与方在这当中需要对数据进行复核审查，以便在后期运用这些数据的时候可以一目了然。当前市场上有条件的建设方已经开始建立适合自己的数据应用导则，服务于自己的经营。

3. 策划和论证

在总体规划目标确定后，需要对整个建筑进行进一步的分析策划和论证。在以往的方法中，设计团队一般是根据经验和国家相关的规范来确定设计内容及依据（设计任务书），但这种传统的方法在面对一些特殊的建筑和业主要求时就显得力不从心。而 BIM 能够帮助项目团队在项目策划阶段通过对空间和建筑功能进行分析，来理解复杂的空间标准和法规，能够根据不同客户的需求分析出最佳方案，帮助快速做出关键性决定。BIM 还可以把设计师头脑中的思路和想法转化成直接表达的可视化方案。

随着 BIM 设计的深化，BIM 技术可以持续帮助设计师和业主方评估与论证设计方案是不是符合他们的设想和要求；此外，BIM 还可以通过数据联动为投资方提供相应的方案成本预估。由此，BIM 可以让不同思维、不同专业的双方在一个相互都可以理解的平台上产生互动效应，获得双向反馈。

4. 可视化设计

在 BIM 进入建筑行业之前，三维效果图和设计图是分开的，设计图由 CAD 制作，效果图由 3ds Max、SketchUp 等软件制作。3ds Max、SketchUp 这些三维可视化设计软件的出现，有力地弥补了业主和最终用户因缺乏对传统建筑图样的理解能力造成的和设计师之间的交流不畅的缺陷。但是，由于这些软件在设计理念和功能上的局限，这样的三维可视化展现不论是用于前期方案推敲还是用于阶段性的效果图展现，与真正的设计方案之间存在着相当大的差距。

对于设计师而言，在前期推敲阶段展现完效果图后，后面大量的工作还是要基于传统的 CAD 平台使用平面图、立面图、剖面图、大样图等多种方式表达和展现自己的设计成果，这导致设计师的工作流是分段的，效果图和实际设计之间存在信息割裂的现象，在遇到项目复杂、工期紧张的情况非常容易出错。BIM 的出现，把效果图变成了建筑设计的副产品，不再是独立的环节，设计师的工作流不再是分段的，设计师可以利用三维可视化功能以三维模型完成建筑设计，同时也使业主及最终用户通过模型直接了解自己在投资什么。

5. 协同设计

协同设计是一种新兴的建筑设计方式，它可以使分布在不同区域位置的不同专业的设计人员通过网络的协同展开设计工作。

把 CAD 图样通过即时通信软件（QQ 等）和电子邮箱发送给别人，这是传统的简单协作方式，但这种工作方式是存在局限性和信息割裂的，并不能充分实现专业之间的信息交流，无法加载附加信息，导致专业之间的数据不具有关联性。BIM 协同的出现，能够改善这种割裂的设计环境。在 BIM 环境中，信息是相互关联的，一个人修改自己专业的模型，相关信息就会传递到其他协同者。

借助 BIM 的技术优势，协同的范畴也从单纯的设计阶段扩展到建筑全生命周期，需要规划、设计、施工、运营等各方的集体参与，因此具备了更广泛的协同意义，从而带来综合效益的大幅提升。

6. 性能分析

可以通过实验来对建筑方案进行性能分析,相对于使用缩小比例的实物模型进行各种实验,在计算机中进行模拟计算会更加快捷、方便。利用计算机进行建筑物理性能分析始于 20 世纪 60 年代(甚至更早),已形成成熟的理论支持,并开发出了丰富的工具软件。但是在 CAD 时代,无论什么样的分析软件都必须通过手工的方式输入相关数据才能开展分析计算,而操作和使用这些软件需要专业技术人员才能完成。同时,由于设计方案的调整,数据录入工作需要经常性重复录入或者校核,耗时耗力,导致建筑的物理性能分析通常被安排在设计的最终阶段,成为一种象征性的工作,使建筑设计与性能分析计算之间严重脱节。

利用 BIM 技术,建筑师在设计过程中创建的虚拟建筑模型已经包含了大量的设计信息(几何信息、材料性能、构件属性等),只要将模型导入相关的性能分析软件就可以得到相应的分析结果,原本需要专业技术人员花费大量时间输入大量专业数据的过程在如今可以自动完成,这显著缩短了性能分析的周期,提高了设计质量,同时也使设计公司能够为业主提供更专业的服务。

7. 工程量统计

在 CAD 时代,需要根据 CAD 图样由人工进行测量和统计,或者用造价软件重新建模后再统计。这两种方式都需要专业技术人员才可以完成,用人工进行计算、统计工程量很大,而且容易出现错误;用软件进行建模统计要重新录入信息,如果设计发生调整还要根据调整录入信息,这样反复的重复操作耗时耗力,如果有滞后,得到的工程量统计数据往往会失效。

BIM 是一个富含工程信息的数据库,可以提供造价需要的工程量信息,借助这些信息,计算机可以对各种构件进行统计分析,实现工程量信息与设计方案的一致。通过 BIM 获得的准确的工程量统计可以用于前期设计过程中的成本估算、在业主预算范围内进行不同设计方案的探索或者不同设计方案建造成本的比较,以及施工开始前的工程量预算和施工完成后的工程量决算。

8. 碰撞和管线综合

随着建筑物规模和使用功能的复杂化,业主方、设计方、施工方对碰撞和管线综合的要求愈加强烈。在 CAD 时代,虽然每一个项目都由专业人士一次次地协调、一次次地进行设计变更修改,但是最终到施工阶段依然有很多碰撞问题,使得工期一再拖延。利用 BIM 技术,通过搭建各专业的 BIM 模型,设计师能够在虚拟的三维环境下方便地发现设计中的碰撞冲突,通过碰撞检查程序输出碰撞报表,按构件 ID(身份标识号)和截图在模型中进行调整,从而显著提高了管线综合的设计能力和工作效率。

在建模阶段就解决了碰撞问题,减少了施工中出现碰撞问题导致的停工时间,显著提高了施工现场的生产效率,降低了由于施工协调造成的成本增长和工期延误。

9. 施工进度的模拟和管理

通过施工模拟可以协调各个专业、各工种的起始时间、结束时间,达到控制工期的目的。在没有 BIM 技术之前,经常用网格图、横道图或者直方图来控制项目进度,但有时候由于图样可视化较低,制作出的施工进度表是不准确的。

通过 BIM 可以进行 4D 进度模拟,把施工任务、横道图和模型关联在一起。在进行模拟时,按照月、日、时等不同时间单位对任务进行拆分,以达到对施工方案的分析和优化。在施工模拟中,可以检查每个阶段的时间,以及"人、材、机"的配置信息是否符合目标要求。对于一些重要的施工环节或采用新工艺的关键部位、施工现场平面布置等的施工指导措施进行模拟和分析，以提高计划的可行性。管理者可以通过施工模型直观地观看和了解某个施工阶段的进度，及时发现和调整存在的问题。利用 BIM 进行施工模拟，有助于施工方在工程项目投标中获得竞标优势；还可以协助评标专家基于 4D 模型快速了解投标单位对投标项目主要施工内容的控制方法、施工安排是否均衡，总体计划是否基本合理等，从而对投标单位的施工经验和实力做出有效评估。

10. 施工场地规划

在施工中，除了可以从图样上直接得到的建筑相关信息以外，还有很多在图样上没有表达的内容，比如施工机械、临时建筑、物料堆放和现场道路的布置等，上述内容同样也会影响工程的进度，所以合理的场地规划是很重要的。而传统的二维布置可能会出现很多问题，导致在后期出现反复的修改，耗时耗力。应用 BIM 三维模型，把每个区域的位置、占地大小，道路布置，施工机械和车辆的位置以及路线进行科学规划，方便了施工管理，有效避免了二次搬运和相关事故的发生。

11. 重点难点施工模拟交底

在一个项目中，往往会有一些施工工艺用静态图无法描述清楚，往往要由设计人员进行驻场指导。利用 BIM 技术把重点难点施工做成施工动画直接表达施工工艺，在关键点附加文字说明和剖面图说明，通过不同时间段和多个角度的直观表达，可以有效帮助现场人员理解施工工艺和重点难点施工。

12. 数字化制造

目前，制造业的生产效率极高，是因为应用了数字化模型提高了生产效率。现在 BIM 也结合了数字化制造，能够提高建筑行业的生产效率，建筑行业也可以采用类似的方法来实现建筑施工流程的自动化。例如，在施工前可以利用 BIM 模型进行碰撞检查，经过调整后导出构件模型的详细尺寸和加工图，实现更加有效的构件预制。通过"车间式生产"制造出来的构件不仅降低了建造误差，还大幅度提高了构件制造的生产效率，容易掌握工期进度，从而达到缩短工期的目的。装配式和 BIM 技术的结合，可以在工厂与设计人员之间形成一种自然的反馈循环，让工厂加工更加明确；在施工中应用 BIM 模型指导施工，增加了标准化构件工厂与施工方之间的协调，有助于减少施工错误率，降低建造、安装成本。要说明的是，装配式预制构件的应用范围不仅仅体现在结构设计，在机电安装和装饰装修中也在迅速普及。

13. 物料跟踪

随着建筑行业标准化、工厂化、数字化水平的提升，以及建筑设备复杂性的提高，越来越多的建筑及设备、构件通过工厂加工并运送到施工现场进行组装。而这些建筑及设备、构件是否能够及时运到现场，是否满足设计要求，质量是否合格，将成为整个施工建造过程中影响施工计划关键路径的重要环节。在 BIM 出现以前，建筑行业往往借助较为成熟的物流行业的管理经验及技术方案（例如 RFID）。通过给建筑及设备、构件贴上标签，以实现对其进行跟踪管理，但 RFID 本身记录的信息有限，而 BIM 模型可详细记录建筑及设备、构件的所有信息。此外，BIM 模型作为一个建筑物的多维度数据库，并不擅长记录各种构件的物流状态信息，而基于 RFID 技术的物流管理信息系统对物体的过程信息有非常好的数据库记录和管理功能，这样 BIM 与 RFID 正好互补，实现真实世界和虚拟模型的关联管理，从而可以解决建筑行业对日益增长的物料跟踪需求带来的管理压力。

第 3 节　制订详细的实施计划

BIM 实施是一个系统工程，对于各个企业来说业务结构是复杂的，BIM 应用不可能一蹴而就，要理性面对 BIM 应用实施初期的问题和挑战，正确处理好传统技术与 BIM 技术、生产任务与 BIM 应用的关系。根据企业自身实际的情况，制订切实有效的 BIM 实施计划，分阶段、分步骤开展 BIM 研究和应用试点工作，保证 BIM 技术在企业范围内按既定目标有序发展，如图 7-1 所示。

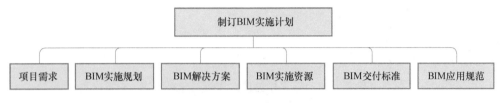

图 7-1　BIM 实施计划

BIM 技术是近年来引领工程建设行业技术革新的有效手段之一，而要实现 BIM 技术在项目实施过程中的顺利使用，首先需要考查的是项目对 BIM 应用的需求、有待解决的主要问题，其次是依托专业技术能力进行突破。BIM 实施计划主要包括 BIM 实施目标、BIM 实施流程、信息传递性研究、基础条件四个部分，梳理出一套完整可实施的 BIM 解决方案。然后是根据项目 BIM 的实施情况进行 BIM 实施资源的配置，主要包含 BIM 环境资源建设、BIM 人力资源建设、BIM 构件库资源建设等几个部分。当满足了这些基本的条件，就需要制定相关的 BIM 交付标准以及 BIM 应用规范来更好地完善 BIM 技术，从而给项目带来最直接的效益，而不是形成"走过场的 BIM 技术应用"。

企业内的 BIM 实施工作，其核心和本质是"建立 BIM 技术条件下的技术能力和管理过程"，在推动这项工作的时候首先需要企业进行经济投入，所以在 BIM 实施工作开始前需要了解的一个基本规律是"建立模型、应用模型、达成收益"。BIM 实施计划需要首先明确收益目标，没有收益目标的 BIM 实施计划是不完整的，无法说清收益和产出目标的实施计划是无法实现的。

同时，在"建立模型、应用模型、达成收益"这样的过程中，还有一个基本的工作原则需要遵守："以收益目标引领模型规范的建立，以满足规范的模型支撑模型应用和收益目标"，如图 7-2 所示。

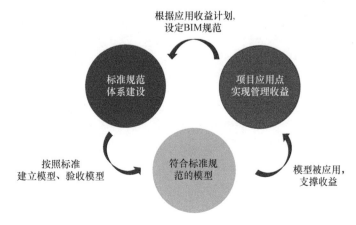

图 7-2　BIM 实施计划关系图

课 后 习 题

一、单项选择题

1. BIM 技术以（　　）为主导多方推荐的 BIM 机制，能更快地促进 BIM 技术在建筑行业生态圈中更好地应用与发展。

A. 设计方　　　　　B. 施工方　　　　　C. 业主方　　　　　D. 都可以

2. BIM 技术中，场地分析主要通过（　　）快速得出分析结果。

A. 地理信息系统（GIS）与 BIM 软件

B. GPS 系统与 BIM 软件

C. 北斗系统与 BIM 软件

D. 无人机拍摄结合 BIM 软件

3. BIM 技术中工程量统计的描述正确的是（　　）。

A. 可以用于成本估算、施工开始前的工程量预算和施工完成后的工程量决算

B. 需要根据 CAD 图样由人工进行测量和统计

C. 用造价软件重新建模后再统计，要由专业技术人员才可以完成，而且降低了出现错误的概率

D. BIM 是一个富含工程信息的数据库，可以真实无偏差地提供造价需要的工程量信息，真实无误地统计出整个项目所需要的资金

4. 关于 BIM 数字化制造的理解错误的是（　　）。

A. 利用 BIM 模型进行碰撞检查，经过调整后导出构件模型的详细尺寸和加工图，实现更加有效的构件预制

B. 装配式和 BIM 技术的结合，可以在工厂与设计人员之间形成一种自然的反馈循环，制作的构件更精确

C. 利用 BIM 模型进行碰撞检查，经过调整后，依托工厂的精密机械技术可以制造出没有误差的构件，提高了构件制造的生产率，容易掌握工期

D. 利用 BIM 模型，在施工指导方面增加了标准化构件工厂与施工方之间的协调，有助于减少施工错误率，降低建造、安装成本

二、简答题

1. 制订详细的 BIM 实施计划主要包括哪几部分？

2. 各参与方常见的 BIM 技术应用点有哪些？

第三部分　设计方的 **BIM** 项目经理

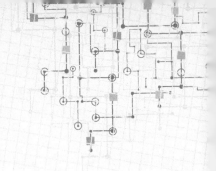

第8章 现阶段的 BIM 设计模式

当前国内市场中 BIM 在设计阶段的应用，虽然有很多企业在应用 BIM，而且 BIM 也给企业和市场创造了正向的收益，但是企业中的大多数还没有达到一个充分发挥 BIM 技术优势的状态。究其原因，既有出自传统设计模式的问题，也有出自设计单位内部体制因素的问题，再加上 BIM 技术应用本身还处在不断发展和走向成熟的阶段，其在软件功能上、与传统管理体制的适配性上、指导施工的成熟度上等方面还存在一定的差距。

BIM 技术经过这些年的探索发展，现阶段存在的设计模式如下：

第1节 设计生产单位（部门）与 BIM 技术单位（部门）合作

这个模式是指设计和 BIM 技术两个团队合作完成工作，在该阶段的设计模式下，设计单位（部门）基本还是遵循传统的设计模式。这个模式的优点如下：

1）设计师的更多精力放在方案设计上，提高了设计效率。

2）设计师之间沟通的时间可以相对更多，改善了传统设计模式下设计师之间缺乏沟通的问题。

3）设计成果更加直观，即设计师在三维的模式下更加直观地查阅设计成果，对设计方案的优化提供了基础。

当然，该模式也存在缺点：

1）增加了设计总体的工作量。

2）在成果表达上加大了建模师与设计师共同的总时长，即设计师按照传统的模式完成施工图二维设计，然后交由 BIM 建模师进行模型搭建。

作为设计方的 BIM 项目经理，需要理解该模式下的优缺点以及更加细化的模式分工。在现阶段的该模式下，设计方的 BIM 项目经理应做好如下方面：

1）整体团队的配置（设计团队的配置和 BIM 团队的配置）。

2）根据整体团队的配置来确定团队之间的合作模式。

3）确定好沟通时效、衔接时间、工作流程。

4）团队之间同步工作的内容。

5）制定工作标准。

上述内容是当前 BIM 技术在国内设计行业应用的典型情况。本书的编写是为了让那些在当前希望成为 BIM 项目经理的"新 BIMer"知道当前 BIM 的发展阶段，知道如何开展自己的工作，知道如何与其他单位衔接。所以，在这里先不要去说这样的 BIM 工作方式是对还是不对，要想适应市场，就要先了解它、适应它，从而让 BIM 技术为企业和个人带来正向的收益，这也是保证 BIM 技术尽快发展和普及的基本先决条件。

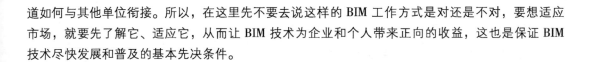

第 2 节　BIM 正向设计

关于 BIM 的正向设计，互联网上有大量的相关文章，都是从不同角度阐述 BIM 正向设计的观点。但有一点是统一的，那就是 BIM 发展的最终目的还是走向正向设计。

现阶段根据 BIM 技术发展的现状和大量设计人员掌握的 BIM 技术的成熟程度，要做到完全意义上的 BIM 正向设计还是有一定难度的，但可以从以下方面了解 BIM 的正向设计，首先要弄清楚BIM 发展过程中出现的一些称谓：

1. 设计

设计是一个从无到有的过程。设计充满创意并具有专业针对性，即设计师依据自己掌握的专业知识，根据相关规范或者图集等约束要求，通过一系列计算、方法、表达、逻辑产生的特定产品。

2. 正向

正向是一种相对的称谓和名词，在当前阶段的 BIM 行业中特指一种工作方式。

3. BIM 技术

"BIM 正向设计"把 BIM 放在最前面，是指运用这样的一种工具向"正方向"按照某种要求实现一种产品。也就是说 BIM 就是一种工具、一种方法、一种技术。

4. 翻模

翻模是指根据二维设计图样创建三维模型的过程，其中最关键的一个意义是把二维图样提高一个维度转换为三维的模型。

通过上面几个简单的概念可以从另一个层面上理解 BIM 的正向设计，具体分为以下几个阶段：

（1）初级阶段——翻模（BIM 正向设计的雏形）

很多行业内的专家按照传统模式或者传统思维的理解，认为翻模不属于 BIM 的正向设计。为什么如此说呢？请看下面的分析对比：

以公建项目为例，在传统的设计流程里，按照设计任务书的要求从方案到初步设计，再到施工图设计出图，设计师使用手绘、草图大师、PKPM、天正、鸿业、CAD 等图形设计软件实现了方案、计算、绘图等过程，在此期间的大部分信息都是使用二维图样来表示的。

在根据二维图样完成三维模型后，就比之前的设计成果增加了一个维度。基于 BIM 软件工具创建的模型会形成"三维维度＋数据信息"的成果，具有可视化、参数化、信息化等属性。

BIM 的出现弥补了二维设计表达过程中出现的各种缺陷和不足，从纯设计的角度来看，二维设计和三维设计本质上是一致的，只是表达的方式不同；但从应用的角度来看，有着很大的区别。

BIM 在近年来得到快速发展，尤其是翻模工具层出不穷，市面上有各种各样的建模工具且大部分都很成熟，使用起来越来越方便、快捷。但要作为一款专业的基于专业规范、法律法规、图集等要求的设计工具，在专业设计方面，BIM 在现阶段还需要逐步完善和改进。

在当下一定条件的限制下，BIM 在设计方面的应用更多的是翻模，即在原设计的二维基础上搭建三维模型，以便解决后续工作。

（2）BIM 正向设计的第二阶段——取代部分传统的设计过程

在翻模过程中，可以逐步完善二维到三维的衔接方法，制定相应的建模标准、构件制作规范等制度化文件。在这种组合形式下，传统的工作方式比较容易表达那些简单、重复次数较多的设计内容，与 BIM 的模块化、信息化、数据化工作方式恰好形成一个互相融合各自优点的设计过程。

（3）BIM 正向设计的第三个阶段——取代传统设计流程，完全使用 BIM 正向设计

该阶段是在第二阶段发展的基础上，全面应用 BIM 技术，从设计方法、协同方式等多个方面，以新的流程全面取代传统设计模式。在该流程下，设计师将能够直接在 BIM 软件环境下进行设计（模块化参数化设计、方案优化、BIM 出图、图样与模型相互关联、同步优化等）。

通过上面几个阶段的描述，设计方的 BIM 项目经理应该做好 BIM 正向设计的基础过程，对于BIM 正向设计有一个完整的认知度。伴随着 BIM 技术的不断完善、发展，设计方的 BIM 项目经理要处理好每一个阶段，为顶层设计打下良好的基础，并积累丰富的设计经验。

第3节　BIM 任务的获取

在做任何一件事之前或者意图完成任何一项任务时，要明确任务的方向性、具体要求、具体内容、完成时间、难易程度、完成标准、完成指标等信息。在 BIM 的工作当中，这一步非常重要，有的时候由于任务不明确带来的后果非常严重。所以，BIM 任务的获取显得尤为重要。

在现阶段，由于 BIM 技术还没有达到普及的程度，尤其是首次使用 BIM 技术的单位或者部门，对于很多任务要么模糊不清、要么过高过全，那么如何获取准确有效的 BIM 任务呢？

1）来自服务对象的项目 BIM 任务书，对于这份 BIM 任务书要认真阅读，要知晓以下信息：

① 工程概况（项目名称、建筑总面积、建设地点等）。

② BIM 三维设计的范围。

③ BIM 三维设计的主要任务。

④ BIM 三维设计的具体内容。

⑤ 需要的基础资料。

⑥ 成果交付的约定。

2）往来邮件内容中的补充信息，这也是 BIM 任务不可缺少的一部分。

课 后 习 题

一、单项选择题

1. 设计是一个（　　）的过程。

A. 从无到有　　　　B. 深化设计　　　　C. 制订方案　　　　D. 逐渐完善方案

2. 翻模是一个（　　）的过程。

A. 二维设计图样到创建三维模型　　　　B. 深化设计

C. 设计　　　　　　　　　　　　　　　D. 搭建模型

3. 现阶段设计模式的优点不包含（　　）。

A. 设计师的更多精力放在方案设计上，提高了设计效率

B. 设计师之间沟通的时间可以相对更多，改善了传统设计模式下设计师之间缺乏沟通的问题

C. 增加了设计总体的工作量

D. 设计成果更加直观，即设计师在三维的模式下更加直观地查阅设计成果，对设计方案的优化提供了基础。

二、多项选择题

1. 下面哪些是 BIM 任务书内容应该包括的部分（　　　）。

A. 工程概况（项目名称、建筑总面积、建设地点等）

B. BIM 三维设计的范围

C. BIM 三维设计的主要任务

D. BIM 三维设计的主要内容

E. BIM 三维设计的协同机制

2. BIM 正向设计是一种趋势，下列属于 BIM 技术趋向于正向设计阶段的是（　　　）。

A. 翻模

B. 取代部分传统设计过程

C. 取代传统设计流程，完全使用 BIM 正向设计

D. 使用 BIM 处理传统设计流程中的复杂难点问题

E. 把二维图样转换成三维模型

3. 设计方的 BIM 项目经理应做好哪些工作（　　　）。

A. 整体团队的配置（设计团队的配置和 BIM 团队的配置）

B. 根据整体团队的配置来确定团队之间的合作模式

C. 确定好沟通时效、衔接时间、工作流程

D. 团队之间同步工作的内容

E. 制定工作标准

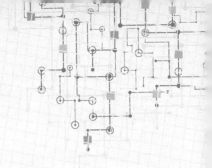

第9章　各设计阶段的 BIM 应用管理

BIM 技术提供的是一种数字化的统一建筑信息模型表达方式，通常由三维模型及其相关联的属性等语义信息组成，通过对内在数据的组织、分析、管理让信息既完整统一，又具有关联性。借助 BIM 技术进行三维设计，在建筑设计的各个阶段均产生了显著效果，极大地提升了设计效率和设计质量。

设计方是项目的主要创造者之一，最先了解业主的需求，能透彻理解业主的理念且完整地将其表达出来。对于设计方来说，重要的是在设计方与业主方之间搭建起一座双向的沟通桥梁，使沟通的双方有一个直观、透明的交流。传统的沟通交流基本以平面、细部节点、实际参观等方式加深双方理念的一致性，从很多的实际案例来看，这个过程其实是很漫长的，同时也是很头疼的，往往出现信息的不畅通甚至是沟通的不愉快。所以，设计方希望通过 BIM 技术达到如下目的：

1）通过模型更加直观、清晰地表达设计。

2）通过模型对设计起到一个预警作用。

3）通过模型加强各参与方的沟通效率和理解。

第1节　概念设计阶段的 BIM 应用管理

概念设计是从建筑的理念、思想、文化等方面着手进行的，是整个设计工作的灵魂，关系到整个设计的成败，是整个设计过程的重中之重。对于概念设计，在周芝兰主编的《建筑结构》一书里是这样描述的：概念设计包括建筑概念设计和结构概念设计两个方面。建筑概念设计是对满足建筑使用功能且造型优美、技术先进的总建筑方案的确定；结构概念设计是在特定的建筑空间中用整体的概念来完成结构总体方案的设计。结构概念设计旨在有意识地处理构件与结构、结构与结构的关系，满足结构的功能要求和建筑功能的需要，以及技术经济可能的设计原则，确定最优的结构体系。结构概念设计选择适合的建筑材料和合理的关键部位构造，结合适宜的施工工艺及合理的效益达到房屋设计的统一。也就是说，一个"形体"设计与一个"骨架"设计，二者有机结合形成完整的概念设计。

BIM 技术具有可视化、协同性和参数化三个核心特性，这三个核心特性在概念设计阶段可以得到实现：

1）在设计理念、思路上快速、精确地表达。

2）实现与各专业工程师之间的信息交流，以及相关信息的有效、统一传递。

3）成本、质量、可行性等信息管理的可视化和协同化。

4）在设计理念发生调整改变的情况下，基于参数化操作可快速实现设计成果的调整，不影响整体的设计进度。

BIM 技术在概念设计方面的工作重点主要放在宏观把控上，比如对建筑的形态、空间功能，以及在外形及空间布局上相匹配的色感等方面进行及时、快速、直观的展现。

9.1.1　空间设计方面的 BIM 应用

建筑形态和空间功能在概念设计阶段是首要考虑的问题，该过程是后期设计工作的基础。

（1）建筑形态

建筑的流线概念设计很多时候是有原型的，但建筑师在概念设计阶段往往在原型的基础上进行加工修饰，赋予某种文化含义。传统的流线概念设计在最雏形的时候还是模糊的，经过设计师不断地手绘或者借助绘图工具临摹和推敲后，流线才最终清晰地展示出来；面向设计工作阶段的工作内容，BIM 的三维可视化带来的直观性，使得设计师能够更快地完成上述流线的推敲，更准确地表达自己的流线概念设计，显著节约设计时间，从而使设计师能够将精力更多地集中在设计思考上，而不是流线推敲这样的细节上。

随着科技的进步和人们生活水平的提高，现代建筑的形态结构越来越复杂，有的甚至按照传统的设计方式无法透彻的理解，因为较为复杂的区域不仅是要画出来，还需要进行参数化设计，这种情况下，利用 BIM 技术的参数化设计可实现空间形体的基于变量的形体生成和调整，从而避免了传统概念设计中的工作重复、设计表达不直观等问题。

在流线概念设计方面有非常突出贡献的建筑设计大师扎哈·哈迪，她的流线概念设计别有风味，如图 9-1 所示。

图 9-1　银峰 SOHO

图 9-1 是位于北京望京的银峰 SOHO，总面积有 33 万平方米，集办公、零售、娱乐为一体，成为城市生活的一个重要组成部分。设计灵感主要来源于两个基本的原型：由鹅卵石根据空间结构进行不同的组砌，外观形态酷似大自然中的梯田，如图 9-2、图 9-3 所示。

图 9-2　鹅卵石

图 9-3　梯田

　　其内部通过 5 个连续流动的形体由桥梁连接在一起,形成一个流动组合,彼此之间相互协调,如图 9-4、图 9-5 所示。如此复杂的结构形态,利用参数化驱动来调整参数,形成了惟妙惟肖的结构形态。

　　(2)　空间功能

　　空间功能有两个方面:一个是物质方面,一个是精神层面。物质方面的功能大致有物理特性和物理环境。物理特性包括面积、几何形状、大小等,物理环境包括通风、照明、采光、声、热等。

　　在物质的基础上还要考虑设计以人为本的理念,以及习俗、文化、审美等,让人们得到一种精神层面的享受。

图 9-4　商场

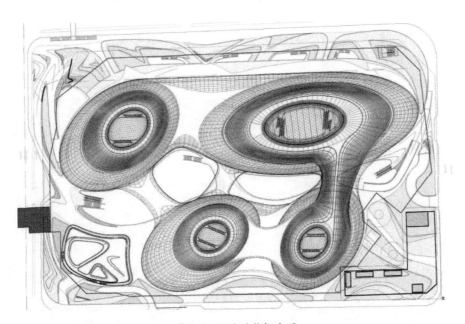

图 9-5　形体结构概念图

　　建筑的物质方面容易使用 BIM 技术得到实现；精神层面借助 BIM 技术的虚拟技术进行深入体验，可得到与现实一样的感触。这样，对于物质方面和精神层面都能得到及时的调整和修改，达到空间布局的合理性、科学性、有效性。

9.1.2　美观概念设计的 BIM 应用

　　传统的设计对于效果过度渲染，使得展示效果与实际竣工效果出入比较大。过度的渲染从某种程度上来说掩盖了设计的本意，很多微妙的美观很难体现。物体的美感除了自身的体质之外，光感效果对于美观的影响非常大，对于概念设计的美观影响也很大。BIM 技术的出现，完全根据实际材料的天然色泽加上实际的光影效果，在深度体验的环境下得到一种贴近现实的效果，显著缩小了实际竣工效果与展示效果之间的偏差。

9.1.3 室内概念设计的 BIM 应用

借助 BIM 技术的 VR 技术，能完美地实现室内的概念设计。室内的设计效果主要是体验色和光，借助 VR 技术在虚拟场景下体验室内的设计效果，这是以往传统设计无法实现的。

BIM 技术出现后，在虚拟体验方面主要使用了三种不同的叠加形式：VR 技术、AR 技术、MR 技术。这三种技术从不同方面逐步深入地展示了想要表达的设计理念。本书不深入探讨 VR 技术、AR 技术、MR 技术，只是作为一个了解，知道 BIM 技术的应用范围都有哪些技术这就足够了。在实际的工作中根据工作需要再进一步地深入学习。

9.1.4 场地分析与 GIS 结合

场地分析在方案策划、景观规划、环境现状、施工配套及建成后的交通流量等方面，与场地的地貌、植被、气候条件等因素关系较大。所以，利用相关软件对场地地形条件和日照阴影情况进行模拟分析，可帮助管理者更好地把握项目的决策方向。

GIS 在场地分析中主要用于土地适宜性、地形地势、景观视线视域、城市绿地的服务半径和居民可达性等方面的分析，如图 9-6 ~ 图 9-8 所示。

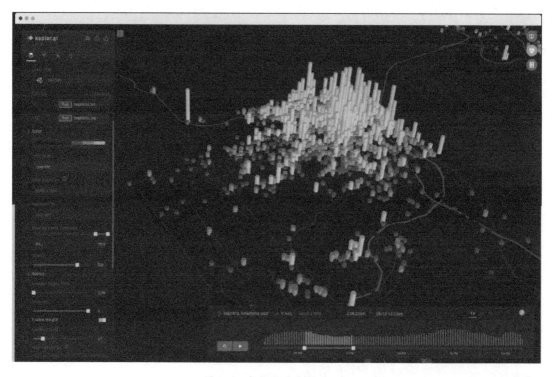

图 9-6　数据驱动地图（一）

图 9-7　数据驱动地图（二）

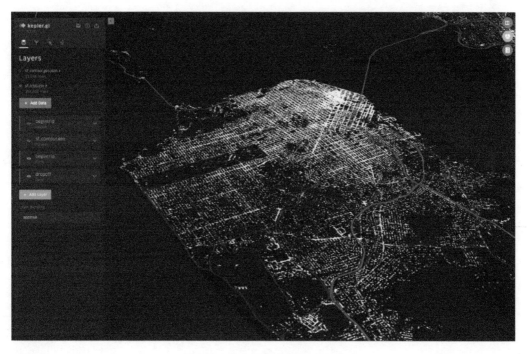

图 9-8　结合 BIM 数据驱动地图

9.1.5　体量分析

　　体量是一种开发构思的工具，被广泛用在建筑设计前期方案阶段。建筑师们"大开脑洞"，构思建筑体量模型，并对体量模型进行前期的楼层面积、表面积、体积等方面的分析，进行反复推敲，如图 9-9 所示。

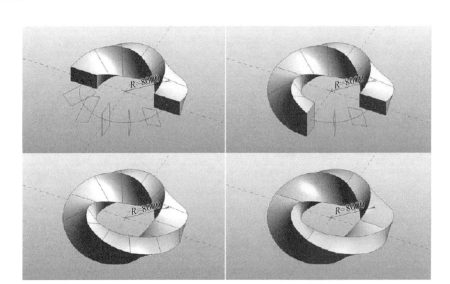

图 9-9　体量分析

1. 以 Revit 实例说明体量产生的过程

1）在 Revit 里，创建体量的方法有两种：内建体量、放置体量，如图 9-10 所示。

图 9-10　创建体量的两种方式

2）在设计栏选择"体量和场地"→"内建体量"命令，在下一个对话框中命名体量，使用"实心形状"创建体量，如图 9-11～图 9-13 所示。

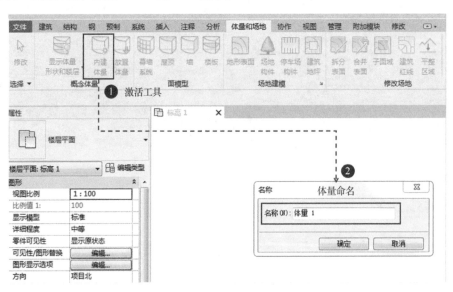

图 9-11　创建体量步骤①、②

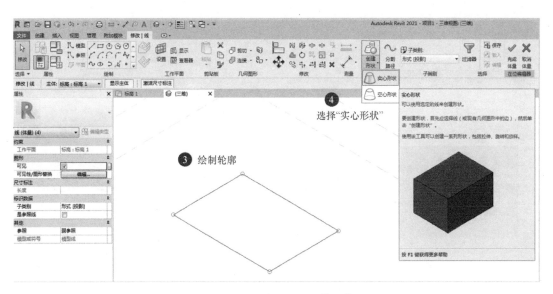

图 9-12　创建体量步骤③、④

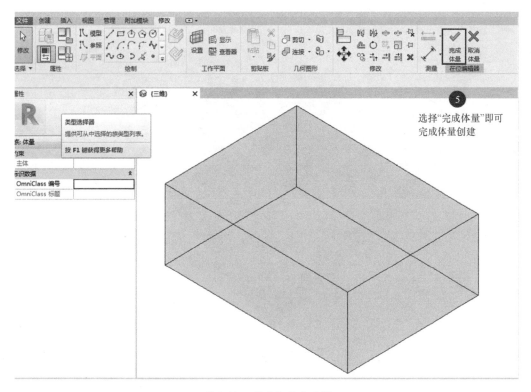

图 9-13　创建体量步骤⑤

3）体量形状的创建有四种工具：实心拉伸、融合、旋转、放样。另外，选择"空心形状"创建的体量将剪切实心体量，如图 9-14、图 9-15 所示。

4）在设计栏选择"体量和场地"→"放置体量"命令，可以从"Metric Library\建筑\体量库"中选用预先做好的体量族，载入体量族文件并放置到视图中，如图 9-16 所示。

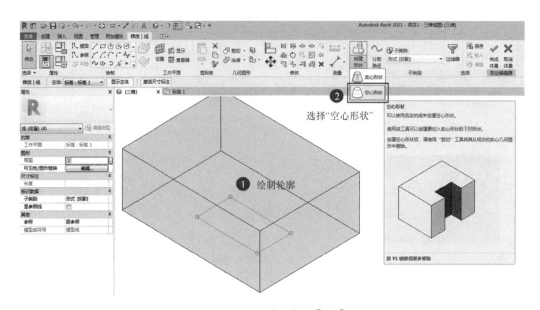

图 9-14 体量剪切步骤①、②

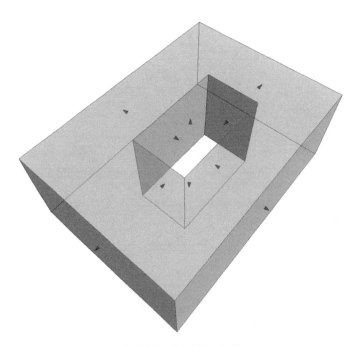

图 9-15 体量剪切完毕

5）先选择调入的体量族实例，再选择选项栏中的"图元属性"按钮，出现图 9-17 所示对话框，可修改宽度、高度等参数。也可以通过在平面图、立面图上绘制参照平面，然后拖拽体量的控制柄到相应位置，如图 9-17 所示。

2. 新建概念体量的步骤

1）首先选中公制体量样板绘制体量模型，即在"新建"命令中选择"概念体量"，如图 9-18 所示。

图 9-16　放置体量方法示意

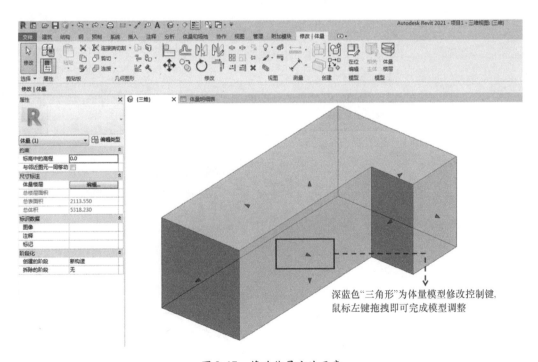

图 9-17　修改体量方法示意

2）可以在"完成体量"之前，从"空心形状"下选中空心拉伸、空心融合、空心旋转、空心放样四个工具创建空心体量，空心体量会自动和实心体量做布尔运算，"空心形状"四个工具的具体操作方法都是一样的。创建并修改体量如图 9-19 所示。

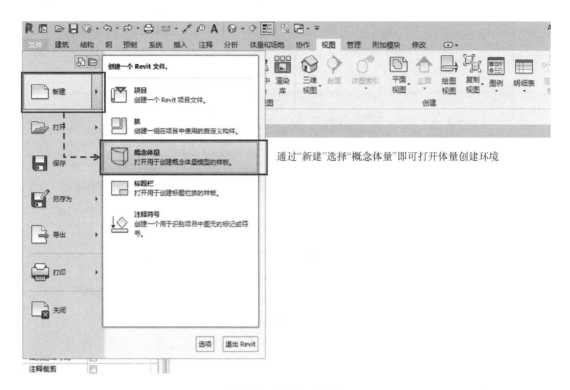

通过"新建"选择"概念体量"即可打开体量创建环境

图 9-18　新建概念体量

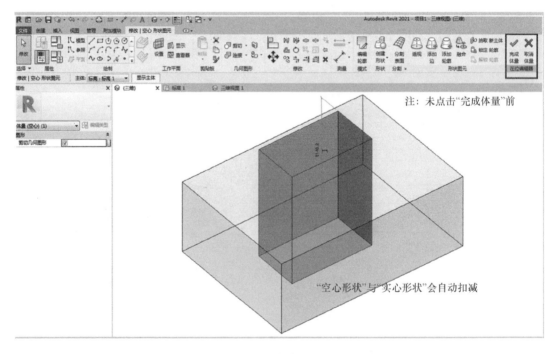

图 9-19　创建并修改体量

3）无论是内建体量族还是载入外部体量文件，Revit 都可以在体量的"图元属性"对话框中自动统计其体积、总表面面积、总楼层面积，如图 9-20 ~ 图 9-24 所示；并使用" 明细表或者数量"工具生成统计表格，而且可以将统计表导出到 Excel 软件表格进行编辑，如图 9-25 ~ 图 9-27 所示。

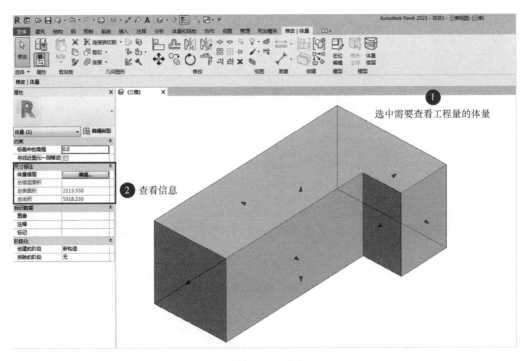

图 9-20　体量工程量信息查看方法

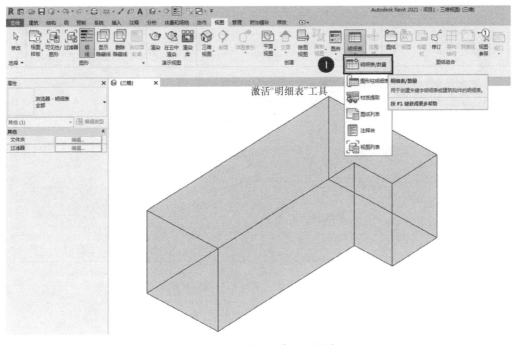

图 9-21　体量工程量"明细表"制作步骤（一）

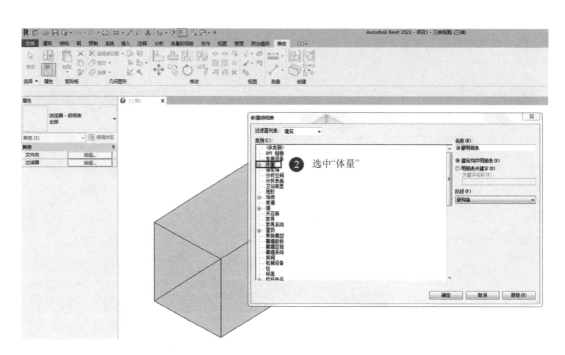

图 9-22 体量工程量"明细表"制作步骤（二）

图 9-23 体量工程量"明细表"制作步骤（三）

3. 体量楼层的创建

设置标高并选择体量模型，选择"体量楼层"即可完成创建，如图 9-28 ~ 图 9-31 所示。

		<体量明细表>		
A	B	C	D
总体积	总楼层面积	总表面积	合计
5318.23		2113.55	1
5318.23	0.00	2113.55	1

图 9-24　体量工程量"明细表"制作步骤（四）

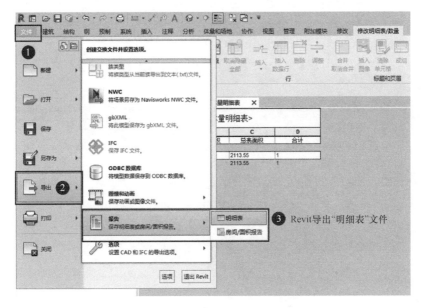

图 9-25　体量工程量"明细表"与 Excel 对接使用方法（一）

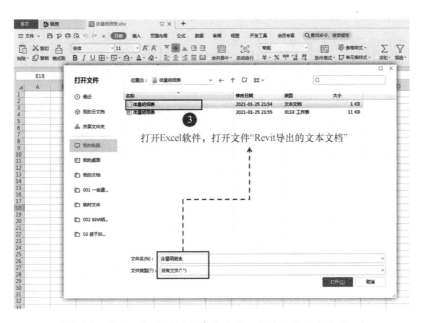

图 9-26　体量工程量"明细表"与 Excel 对接使用方法（二）

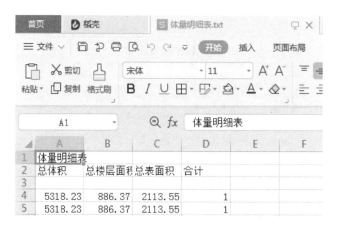

图 9-27 体量工程量"明细表"与 Excel 对接使用方法（三）

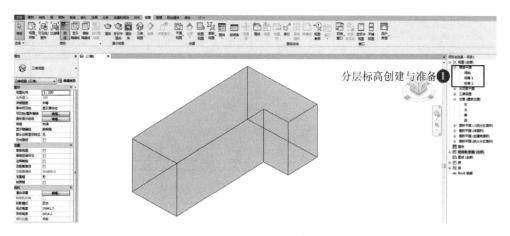

图 9-28 体量楼层的创建步骤（一）

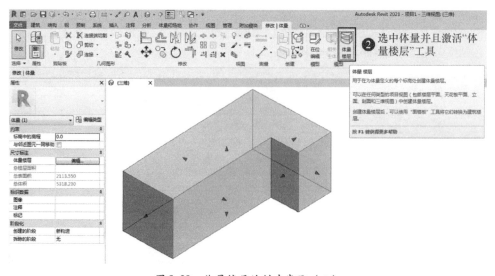

图 9-29 体量楼层的创建步骤（二）

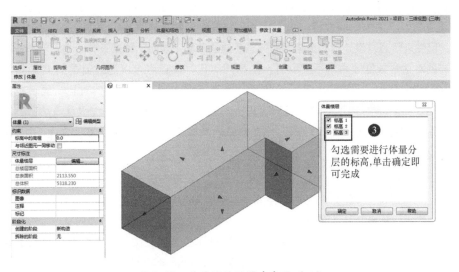

图 9-30 体量楼层的创建步骤（三）

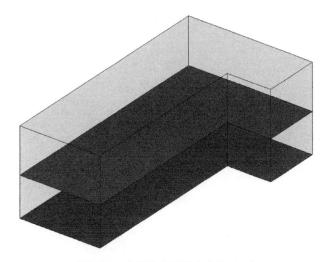

图 9-31 体量楼层的创建步骤（四）

第 2 节 方案设计阶段的 BIM 应用管理

方案设计主要是指从建筑项目的需求出发，根据建筑项目的设计条件，研究、分析满足建筑功能和性能的总体方案，提出空间架构设想、创意表达形式及结构方式的初步解决方法等，为项目设计后续若干阶段的工作提供依据及指导性的文件，并对建筑的总体方案进行初步的评价、优化和确定。方案设计阶段 BIM 的应用主要包括：建筑空间分析、性能分析和方案比选。

9.2.1 建筑空间分析

在传统的空间设计过程中，在设计者的概念里有众多的设计限制条件，既有很多来自自身的设计灵感，也有每个灵感涉及的形体和空间关系，这些想法会在设计者的头脑中在一段时间内汇集成一个

"混沌"的"空间"。而设计的本质就是在头脑中对"混沌"的所有条件进行反复思考的过程，就是一个从"混沌"到"清晰"的过程，一个从"已知条件"的此岸到达"未知结果"的彼岸的过程。这个过程，以往只能通过设计者的头脑本身或者手绘的草稿来表达，构成设计者自己和自己思想的对话，而这样的对话是很低效的、不直观的。在 BIM 时代，设计者可以通过简易的 BIM 体块搭建浸入式的简易三维渲染和"穿越"，实现三维可视的"条件"与"灵感"的对比，显著提高了设计者的整体思路，使 BIM 时代下的设计者拥有更多的灵感和更高效的工作过程及表达方式，BIM 是设计者进行空间设计的一种革新式工具。下面对空间的概念和空间的构成加以说明。

1. 空间的概念

空间是物质存在的一种客观形式，其由长度、宽度、高度表现出来。自从意大利建筑理论家布鲁诺·塞维在他的《建筑空间论》中强调"空间——空的部分——应当是建筑的'主角'"之后，建筑的目的就是创造人们从事各种活动的人为的空间，由此可见空间在建筑设计中的重要地位和作用。

在进行建筑空间分析之前，首先需要了解建筑空间的大概分类，下面根据建筑空间构成所具有的属性特点加以区分，以便在设计建筑空间的时候加以选择和利用。根据统计，主要有以下几种常见的建筑空间类型：

① 外部空间。

② 内部空间。

③ 灰空间。

④ 固定空间。

⑤ 可变空间。

⑥ 敞开空间。

⑦ 封闭空间。

⑧ 静态空间。

⑨ 动态空间。

⑩ 肯定空间。

⑪ 模糊空间。

⑫ 虚拟空间。

下面对每一种空间进行一些基本介绍：

（1）外部空间

外部空间是相对于内部空间而言的，一般由建筑实体的"外边沿壁"与其周边环境组成的空虚空间形成了建筑的外部空间。外部空间一般受地板和墙壁两个要素影响。外部空间案例如图 9-32 所示。

图 9-32　外部空间案例

（2）内部空间

外部空间对应的就是内部空间，建筑的内部空间是由地板、墙壁、顶棚这三个基本要素组成的。内部空间案例如图 9-33 所示。

图 9-33 内部空间案例

（3）灰空间

灰空间是一种特殊的空间，是由日本建筑师黑川纪章提出。从空间的组成元素来看，灰空间由地面和顶棚两个要素所限定，介于室内外之间，有一些半室内半室外的特点。灰空间案例如图 9-34 所示。

图 9-34 灰空间案例

（4）固定空间

固定空间是一种功能明确、空间界面固定的空间，固定空间的形状、尺度、位置等属性往往是不能改变的。固定空间案例如图 9-35 所示。

（5）可变空间

空间、环境、行为、功能这四个方面是相辅相成的，设计师在进行建筑设计时，需要更多考

图 9-35　固定空间案例

虑人的行为因素，包括意识行为和无意识行为，比如适当考虑可变空间，使设计成果能满足使用者功能需求的多样性，这是十分重要的。可变空间案例如图 9-36 所示。

图 9-36　可变空间案例

（6）敞开空间和封闭空间

敞开空间和封闭空间很好理解，也存在介于这两个空间之间的半敞开半封闭空间。空间是敞开还是封闭，取决于空间的适应性质和空间与周围环境的关系，以及空间中的人的视角和心理上的需求。一般来讲，从空间感上，敞开空间具有流动性、渗透性的特点，它可以提供更多的室内外景观，并可扩大视野；封闭空间是静态状态，更有利于隔绝外部干扰。从使用的角度来看，敞开空间更加灵活，可过渡成可变空间；而封闭空间的变化就很小。敞开空间案例、封闭空间案例分别如图 9-37、图 9-38 所示。

图 9-37　敞开空间案例

图 9-38　封闭空间案例

（7）静态空间和动态空间

静态空间相对来说形式比较稳定，空间比较封闭，构成单一，通常视角位于一定的范围内或者点上，空间清晰明确、一目了然。静态空间案例如图 9-39 所示。动态空间的构成形式富有变化性和多样性，跳跃比较大，这在曲面上表现更为突出。动态空间具有敞开的空间，视角具有导向性的特点，具有连续性、节奏性、流动性等基本要素。动态空间案例如图 9-40 所示。

图 9-39　静态空间案例

图 9-40　动态空间案例

（8）肯定空间和模糊空间

肯定空间是指界面清晰、范围明确、具有领域感的空间，一般情况下私密性比较强的封闭空间属于此类空间。肯定空间对应的就是模糊空间，模糊空间给人一种模棱两可、似是而非的感觉，这个空间的多义性、灰色性耐人寻味，富有含蓄感。模糊空间多应用在空间的联系、过渡、引申方面。肯定空间案例如图 9-41 ~ 图 9-43 所示，模糊空间案例如图 9-44 所示。

图 9-41　肯定空间案例（一）

图 9-42　肯定空间案例（二）

图 9-43　肯定空间案例（三）

图 9-44　模糊空间案例

（9）虚拟空间

虚拟空间是指一种既无明显界面又有一定范围的建筑空间，如图 9-45 所示。

图 9-45　虚拟空间案例

了解了空间的概念和常见的建筑空间类型，对于分析建筑空间有很大的帮助。知道了常见的建筑空间类型之后，下一步就是了解空间的构成。

2. 空间的构成

界面围合是空间形象构成的主要方面，空间是一个抽象的概念，这个抽象的概念更加注重人的体验和感受。

抽象的空间要素分为点、线、面、体，在实体建筑的设计表现中，这些要素表现为客观存在的限定要素；而实体的限定要素为由地面、顶棚、四壁围合成的空间。人们把这些限定空间的要素称为界面。更加有意思的是，建筑空间的构成更加注重的不是空间本身，而是空间与空间之间的连接关系，这也是建筑设计过程中研究较多的对象。下面介绍空间与空间之间连接起来的这部分，该部分其实既是空间的分割，又是空间与空间之间的关联。

前面说到的界面是一种空间限定要素，界面（形状、比例、尺度、样式的属性）呈现出四种形态：地面、梁和柱、墙面、顶棚。

（1）地面

地面是建筑空间限定的基础要素，地面以存在的周界限定出了一个空间场，如图9-46所示。

图 9-46　地面

（2）梁和柱

梁和柱是建筑空间虚拟的限定要素，如图9-47所示。

图 9-47　梁和柱

（3）墙面

墙面是建筑空间存在的限定要素，如图 9-48 所示。

图 9-48　墙面

（4）顶棚

顶棚是完成建筑空间最后的一道限定要素，如图 9-49 所示。

图 9-49　顶棚

9.2.2　性能分析

利用 BIM 技术，建筑师在设计过程中赋予所创建的虚拟建筑模型以大量的建筑信息（几何信息、材料性能、构件属性等）。只要将 BIM 模型导入相关性能分析软件，就可得到相应的分析结果，使得原本需要专业人员花费大量时间输入大量专业数据的过程，在现在借助 BIM 技术可自动完成，从而显著缩短了设计周期，提高了设计质量，优化了服务。

性能分析主要包括以下几个方面：

（1）能耗分析

能耗分析对建筑的能耗进行计算、评估，进而进行能耗性能优化。

（2）光照分析

光照分析对建筑、小区的日照进行性能分析，对室内光源、采光、景观可视度进行分析。

（3）设备分析

设备分析对管道、通风、负荷等机电设计中的计算分析模型进行输出，对冷、热负荷进行计算分析，并进行舒适度模拟和气流组织模拟。

（4）绿色评估

绿色评估的工作包括规划设计方案的分析与优化、节能设计与数据分析、建筑遮阳与太阳能利用分析、建筑采光与照明分析、建筑室内自然通风分析、建筑室外绿化环境分析、建筑声环境分析、建筑小区雨水采集和利用分析。

下面主要介绍基于 BIM 技术进行实际工程设计的性能分析。在工程项目设计中引入 BIM 技术建立三维信息化模型，模型中包含的大量建筑信息为建筑的性能分析提供了便利的条件。

1. 建筑风环境分析

为了避免建筑的主立面朝向冬季的主导风向，有利于冬季的防风保温，在进行建筑规划设计时，首先要根据室外风环境的模拟结果（图9-50）合理选择建筑的朝向。如图9-50所示的自然通风图，为了强化整个建筑的自然通风和自然采光，在大楼中央设置了一个通风采光中庭来改善各个房间的自然采光；而且，在室内热压和室外风压的共同作用下，提高了整个建筑的自然通风能力，有效降低了整个建筑的采光能耗和空调能耗，从而达到节能的目的。

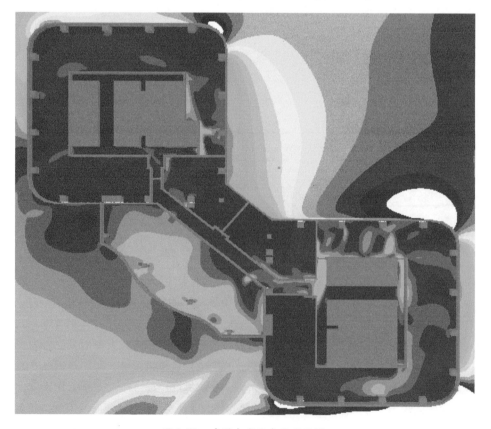

图9-50　建筑中庭的自然通风图

2. 建筑自然采光分析

为了验证设计效果，借助 BIM 技术对某模型进行模拟，分析大楼建成后室内的自然采光状况，如图 9-51 所示。

模型包含了建筑围护结构、玻璃透过率、内表面反射率等信息参数，这些参数都是采光分析的重要参数。图 9-51 所示的模型，平均采光系数为 3.58%，等值线间距为 2%，主要功能房间的采光效果较好，空间采光系数基本在 3.3% 以上。

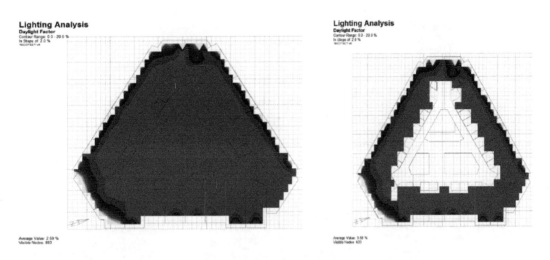

图 9-51　某模型自然采光分析

3. 建筑综合节能分析

节能设计涉及多个专业，各个专业之间又相互影响，如果仅定性化分析某一个专业或者少数几个专业的设计方案，很难综合优化节能方案。因此，引入 BIM 定量化分析工具，根据模拟结果来改进设计，可使方案达到综合最优。具体操作时，直接将 BIM 模型输入节能分析软件中，根据模型提供的信息来预测建筑全年的能耗，再根据能耗的偏差调整建筑的各个参数，以实现最终的节能目标。

9.2.3　方案比选

应用 BIM 技术对比方案设计的主要目的是选出最佳的设计方案，为后续设计提供方案模型。基于 BIM 技术的方案设计是借助 BIM 软件通过体量的方式搭建体量模型、展示建筑理念，形成多个备选的建筑设计方案模型进行比选，并可在方案沟通、讨论、决策的全过程中进行可视化操作，实现更加直观和高效的项目设计方案决策。

下面以某办公楼为例对 BIM 技术在方案设计阶段的方案比选中的应用作具体介绍。首先根据设计要求将体块模型进行深化，详细组织空间功能并统计功能空间的面积，优化各个功能空间的组织分配，如图 9-52 所示。

根据上述分析提出了三种不同的建筑设计方案，结合体块方案及功能布局对建筑的外观风格进行推敲，并快速提取窗洞数据计算窗墙比，用于指导方案优化，如图 9-53、图 9-54 所示。

在多方案的比选过程中，利用 BIM 模型对不同方案应用的绿色建筑措施进行分析比较，最终通过对不同方案多方面的权衡分析选定最佳方案，并结合其他方案的亮点进行方案优化。

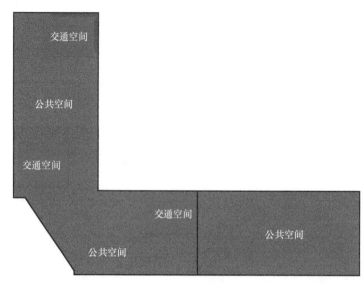

图 9-52　体块模型深化

方案一

方案二

方案三

图 9-53　三种方案设计

<窗明细表>				
A	B	C	D	E
名称	宽度	高度	底高度	合计
1200				
C1216	1200	1600	900	1
C1216	1200	1600	900	1
C1216	1200	1600	900	1
C1216	1200	1600	900	1
C1216	1200	1600	900	1
1200: 5				5
1500				
C1516	1500	1600	900	1
C1516	1500	1600	900	1
C1516	1500	1600	900	1
1500: 3				3
1600				
C1616	1600	1600	900	1
C1616	1600	1600	900	1
C1616	1600	1600	900	1
1600: 3				3
2000				
C2016	2000	1600	900	1
C2016	2000	1600	900	1
C2016	2000	1600	900	1
C2016	2000	1600	900	1

图 9-54　提取窗洞数据

1）图 9-53 中的方案一从建筑设计风格上充分考虑采用呼吸式幕墙设计，通过被动措施优化室内气流组织，从而达到节能效果，如图 9-55 所示。

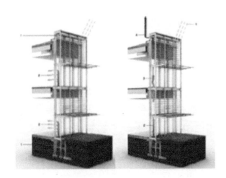 

图 9-55　方案一节能措施分析

2）图 9-53 中的方案二在设计中重点考虑外遮阳与建筑的整合，以及太阳能资源的充分利用，如图 9-56 所示。

图 9-56　方案二节能措施分析

3）图 9-53 中的方案三在设计中重点考虑外遮阳与建筑的整合，采用了呼吸中庭的概念设计，如图 9-57 所示。

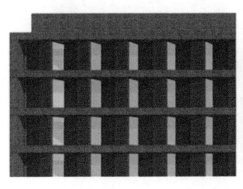 

图 9-57　方案三节能措施分析

最后经过窗墙比、遮阳、气流组织、节能措施、经济效显五方面比选，确定方案三具有综合优势，最终确定为设计方案。

第3节 初步设计阶段的 BIM 应用管理

对于每一位专业的设计师来讲，传统的设计流程都非常清楚，不同的设计单位以及不同的设计项目，虽然在初步设计阶段的设计流程有所区别，但大体上都是一致的。在这里不过多描述初步设计阶段的内容，只重点介绍一下在初步设计阶段如何利用 BIM 技术让初步设计的设计效果提高一个层次。

1）在设计方案的基础上，把完善后的方案、内容、二维平面结合起来搭建出模型效果。

2）对模型进行归类并反复推敲核心构件或者族的成熟度，对于一些利用率较高的构件或者族进行入库处理。

3）校核各专业的合理性和相互配合性。

4）利用模型对建筑的平面、立面、剖面进行细部检查。

5）最后形成初步的设计图样和模型，作为下一步设计的重要依据。

在初步设计阶段利用 BIM 技术进行模型的搭建，产生的三维图形对于后续的工作起到重要的促进作用，在开会讨论、表达效果、互动性、协同性、数据传递性和数据繁衍性等方面都有非常重要的作用，让后续的工作在可视化、数据化、信息化的状态下进行。

传统二维设计模式下，设计师都以二维图样形态表达，更注重图样、图面的完整性，但在三维空间中很多地方往往会被忽视，如管线的预留预埋是否合理、局部管线集中导致的净空过低等。采用 BIM 技术，设计师可在三维视图下进行建筑设计，同时可结合其他相关专业实时查看各专业构件的设计情况，有助于发现设计问题并及时优化，如图 9-58、图 9-59 所示。

图 9-58　基本建筑结构模型

图 9-59 精装深化设计后的模型

第 4 节 施工图设计阶段的 BIM 应用管理

施工图设计是项目设计中的一个重要阶段，是出成果的阶段。通过施工图图样完整表达项目的设计意图和设计结果，并作为项目现场施工的重要参考依据。

施工图设计阶段的 BIM 应用体现在各专业模型的搭建及优化，并进一步完善专业设计中存在的不合理、错漏的地方。施工图设计阶段的 BIM 应用主要包括协同设计与碰撞检查、结构分析、工程量计算、施工图出具、三维渲染图出具等。其中，结构分析和工程量计算是在初步设计的基础上进行的进一步深化，故在此不再重复介绍。

9.4.1 协同设计与碰撞检查

在传统的设计项目中，各专业设计人员分别负责其专业内的设计工作，设计项目一般通过专业协调会议以及相互提交设计资料的方式实现专业设计之间的协调。在许多工程项目中，专业之间因协调不足出现碰撞是非常突出的问题。

BIM 为工程设计的专业协调提供了两种途径：一种是在设计过程中通过有效的、适时的专业之间的协同工作来避免产生大量的专业冲突问题，即协同设计；另一种是通过对 3D 模型的碰撞进行检查、修改，即碰撞检测。至今，碰撞检测已成为人们认识 BIM 价值的代名词，实践证明，BIM 的碰撞检测已取得良好的工程效果。

1. 协同设计

传统意义上的协同设计很大程度上是指基于网络的一种设计沟通的交流手段，以及设计流程的组织管理形式，其包括以 CAD 文件为媒介进行设计交流、通过视频会议进行交流、通过建立和登录网络设计资源库进行交流、借助网络管理软件进行交流等，这些都是常见的传统意义上的设计协同的可能形式。而现在，基于 BIM 成果进行的协同已成为全新的协同方式，是对传统协同手段的补充。

同时，基于 BIM 技术的协同设计需要明确以下几点：

1）不能完全脱离传统的设计框架。

2）由团队确定统一的设计、建模软件，以及相应的版本。

3）在项目设计开始前确定适合项目的协同平台。目前市面上的协同平台有很多，每一个平台有其自身的优缺点，在设计的时候要选择适合项目、适合团队、具有前瞻性、稳定性好的协同平台。

4）协同平台既有软件设计平台，也有云协同平台，不是一开始就使用云协同平台。在初步设计阶段，以软件设计平台为主，这样的协同基本属于设计团队内部的协同，如果项目大、参与方多，就可启用云协同平台。

5）既然是协同，就要制定好流程、规则。目前还没有全面、完善的规范流程，最好在制定的时候多参考一些已经实施过的案例，这样执行起来问题会少一些。

2. 碰撞检测

传统的二维图样对于一个专业的设计师来说，理解起来并非难事。但是在一个庞大和复杂的项目面前，由于二维维度表达本身的限制，对于基于传统 CAD 图样的表达必定存在很多不能理解透的地方，想要无碰撞更是难上加难。以人工识图为主检查碰撞不仅费时费工，效率还很低，必定会遗漏很多问题。基于 BIM 技术的碰撞检测具有很大的技术优势，能对碰撞点进行精准定位，处理问题的速度极快，显著缩短了解决问题的时间。

一般情况下，由于不同专业是分别设计、分别建模的，所以任何两个专业之间都可能产生碰撞，因此碰撞检测的工作要覆盖任何两个专业之间的冲突关系，例如对于建筑与结构专业，标高、剪力墙、柱等位置不一致，或梁与门碰撞；对于结构与设备专业，设备管道与梁、柱碰撞；对于设备内部各专业，各专业与管线碰撞；对于设备与室内装修，管线末端与室内吊顶碰撞。碰撞检测过程是需要计划与组织管理的过程，碰撞检测人员又被称作"BIM 协调工程师"，他们负责对检测结果进行记录、提交、跟踪提醒与覆盖确认。某工程的碰撞检测如图 9-60 所示。

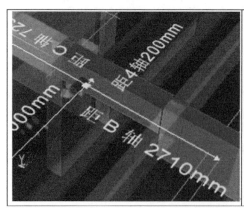

图 9-60 某工程的碰撞检测

9.4.2 施工图出具

设计成果中最重要的表现形式是施工图，施工图是含有大量技术标注的图样，在建筑工程的施工方法仍然以人工操作为主的技术条件下，施工图有其不可替代的作用。CAD 的应用大幅提升了设计人员绘制施工图的效率，但是传统的制图方式存在的不足也是非常明显的：当产生了施工图之后，如果工程的某个局部发生了设计变更，则会同时影响与该部位相关的多个图样，如一个柱子的断面尺寸发生变化，则含有该柱子的结构平面布置图、柱配筋图、建筑平面图、建筑详图等都需要再次修改，这种问题在一定程度上影响了设计质量。

而基于 BIM 技术进行施工图设计，生成施工图样，则根本不用担心这一点，因为一个项目所生成的各种图样都是来源于同一个 BIM 模型，一旦模型有修改，所有图样、图表都是相互关联、实时改动的，并且只要一处改动，其他建筑师及其他工种（例如结构、水电等）的设计师都会在第一时间看到并给予反馈，这显著提高了图样修改的效率和准确性，从而提升了施工图的出图效率及设计质量。BIM 施工图如图 9-61 所示。

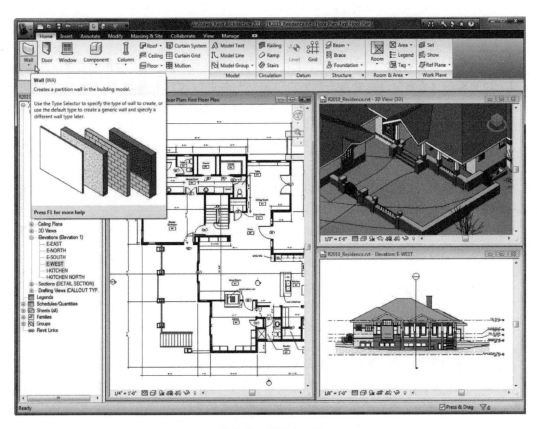

图 9-61　BIM 施工图

第 5 节　绿色建筑设计阶段的 BIM 应用管理

根据《绿色建筑评价标准》（GB/T 50378—2019）（下称《评价标准》）对绿色建筑的定义："在全寿命期内，节约资源、保护环境、减少污染，为人们提供健康、适用、高效的使用空间，最大限度地实现人与自然和谐共生的高质量建筑"。该定义中包含了以下四个主要方面：人与自然的关系、节能、环保和可持续发展。

1）人与自然的关系。这就要求设计者在建筑的设计过程中应结合地形地貌进行场地设计与建筑布局，且建筑布局应与场地的气候条件和地理环境相适应，并应对场地的风环境、光环境、热环境、声环境等加以组织和利用。在宜居方面，要考虑到建筑的自然文化、空间文化、空间舒适度，以及小区周围的景观文化，人员在其中生活的舒适性等。

2）节能。建筑节能的基本概念是指在建筑材料生产、房屋建筑物和构筑物施工及使用的过程中，满足同等需要或达到相同目的的条件下，尽可能降低能耗。

3）环保。要保护环境，要求对化石能源的消耗与利用越低越好，所以在设计过程中要充分考虑利用清洁能源来降低对化石能源的消耗。

4）可持续发展。对于可持续发展，设计选用的所有材料要能够重复回收利用，充分发挥材料的利用价值，设计时要考虑造福子孙后代并营造一个良好的生存环境。

以人、自然环境、建筑三者和谐发展为目标，在充分利用自然条件和人为创造良好、宜居的居住环境的同时，要尽可能减少对自然环境的破坏和浪费，要敬畏大自然。人们在大力发展绿色建筑的过程中不断地摸索、努力，随着科学技术的飞速发展，有越来越多的新技术得到了运用，BIM 技术就是绿色建筑在技术上的变革与创新。

BIM 技术的出现为有效实现绿色建筑提供了一个可视化的展示，能够更好地实现绿色设计：

1）在方案设计的规划设计阶段，在进行土地规划设计时应用 BIM 技术，经过反复模拟对比、推演，从而有效地实现了"节地"目标。同时，应用 BIM 技术进行云协同管理、云计算等可以实现办公场所的合理布局。

2）在进行给排水管网设计时，应用 BIM 技术合理布设管道、采用节水设备等，从而达到有效"节水"的目的。

3）在进行暖通空调和电气设计时，应用 BIM 技术合理布设暖通空调、电气管道，采用节能设备等，从而有效实现"节能"目标。

4）在建筑设计过程中，应用 BIM 技术进行合理的三维空间布置及窗墙比分析，有利于实现"节能"目标。

9.5.1 绿色建筑评价与 BIM 应用

《评价标准》将标准的适用范围由住宅建筑和公共建筑中的办公建筑、商场建筑和旅馆建筑扩展至各类民用建筑，本节把重点放在 BIM 技术在绿色建筑评价体系中的应用方法。

BIM 技术在绿色建筑评价体系中的应用大致有两种途径：模型和应用。

1）模型。先根据 BIM 数据模型创建相应的构件信息，在 BIM 模型创建完成后或者在搭建模型的过程中，依据《评价标准》的要求，通过 BIM 软件平台的统计功能判定是否达到《评价标准》相应条文的要求。

2）应用。借助第三方模拟分析软件进行相应计算分析时，根据模拟分析的结果对照《评价标准》判定是否满足《评价标准》相关条文的要求。

《绿色建筑评价标准》（GB/T 50378—2019）规定：应用建筑信息模型（BIM）技术，评价总分值为 15 分。在建筑的规划设计、施工建造和运行维护阶段中的一个阶段应用，得 5 分；两个阶段应用，得 10 分；三个阶段应用，得 15 分。

9.5.2 基于 BIM 技术的 CFD 模拟分析

1. CFD 软件

CFD 是所有计算流体力学的软件的简称。CFD 是专门用来进行流场分析、流场计算、流场预测的软件。通过 CFD 软件，可以分析和显示发生在流场中的现象，在短时间内预测性能并通过修改各种参数来达到预期的设计效果。CFD 软件结构由前处理、求解器、后处理组成（表 9-1），即前处理、计算和结果数据生成以及后处理。

表 9-1　CFD 软件的三大模块

	前　处　理	求　解　器	后　处　理
作用	1. 几何模型 2. 划分网格	1. 确定 CFD 方法的控制方程 2. 选择离散方法进行离散 3. 选用数值计算方法 4. 输入相关参数	1. 速度场、温度场、压力 2. 场及其他参数的计算 3. 可视化及动画处理

前处理通常要生成计算模型所必需的数据，这一过程通常包括建模、数据录入（或从 CAD 中导入）、生成网格等。做完了前处理后，CFD 的核心求解器将根据具体的模型完成相应的计算任务，并生成结果数据。后处理过程通常是对生成的结果数据进行组织和诠释，以直观可视的图形形式输出。

CFD 软件可求解很多问题，比如定常流动、非定常流动、层流、紊流、不可压缩流动、可压缩流动、传热、化学反应等。CFD 软件对每一种物理问题的流动特点都有适合它的数值解法，用户可对显式或隐式差分格式进行选择，以便在计算速度、稳定性和精度等方面达到预期效果。CFD软件之间可以方便地进行数值交换，并采用统一的前处理和后处理工具，这就节省了工作者在计算机方法、编程、前后处理等方面投入的重复低效工作。

（1）绿色建筑设计对 CFD 软件的要求

绿色建筑设计对 CFD 软件计算、分析的要求如图 9-62 所示。CFD 软件借助 BIM 技术，通过模拟和直观展示有效地优化建筑的整体布局，对降低建筑能耗、改善室内通风条件均有很大帮助。

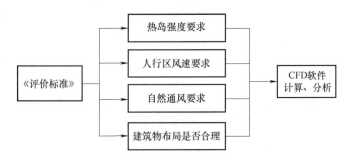

图 9-62　绿色建筑设计对 CFD 软件计算、分析的要求

（2）常用 CFD 软件的评估

目前常见的 CFD 软件有 Fluent、CFX、Phoenics、STAR-CD 等，其中 Fluent 是目前国际上常用的商用 CFD 软件包，凡是与流体、热传递及化学反应等有关的均可使用。它具有丰富的物理模型、先进的数值方法以及强大的前后处理能力，在航空航天、汽车设计、石油天然气、涡轮机设计等方面有着广泛的应用。其前处理软件主要有 Gambit 与 ICEM，ICEM 的直接几何接口包括 Catia、CADDS 5、ICEM Surf/DDN、I-DEAS、Solid Works、Solid Edge、Pro/ENGINEER、Unigraphics 等，较为简单的建筑模型可以直接导入。当建筑模型较为复杂时，则需遵循点-线-面的顺序建立建筑模型。

使用商用 CFD 软件的工作中，大约有 80% 的时间是花费在网格划分上的，可以说网格划分能力的高低是决定工作效率的主要因素之一。Fluent 软件采用非结构网格与适应性网格相结合的方式进行网格划分。与结构化网格和分块结构网格相比，非结构网格划分便于处理复杂外形的网格划分；适应性网格划分则便于计算流场参数变化剧烈、梯度很大的流动。Fluent 的划分方式也便于网格的细化或粗化，使得网格划分更加灵活、简便。Fluent 划分网格的途径主要有两种：一种是用 Fluent 提供的专用网格软件 Gambit 进行网格划分；另一种则是由其他的 CAD 软件完成造型工作，再导入 Gambit 中生成网格。还可以用其他网格生成软件生成与 Fluent 兼容的网格用于 Fluent 计算。可以用于造型工作的 CAD 软件包括 I-DEAS、Solid Works、Solid Edge、Pro/E NGINEER 等。除了 Gambit 外，可以生成 Fluent 网格的网格软件还有 ICEMCFD、GridGen 等。Fluent 可以划分二维的三角形和四边形网格，三维的四面体网格、六面体网格、金字塔形网格、楔形网格，以及由上述网格类型构成的混合型网格。

（3）BIM 模型与 CFD 软件的对接

从绿色建筑设计的要求来看，进行热岛计算要求建立整个建筑小区的道路、建筑外轮廓、水体、绿地等模型；进行室内自然通风计算及室外风场计算需建立建筑的外轮廓及室内布局，从 BIM 应用系统中直接导出 CFD 软件可接受格式的模型文件是比较好的选择。

综合各类 CFD 软件，选用 Phoenics 作为与 BIM 模型对接的 CFD 软件可以直接导入建筑模型，显著减少了建筑模型建立的工作量。BIM 模型与 Phoenics 的配合流程如图 9-63 所示。

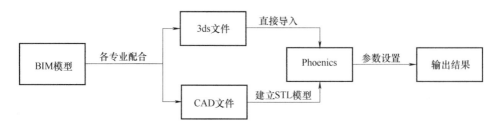

图 9-63　BIM 模型与 Phoenics 的配合流程

2. BIM 模型与 CFD 计算分析的配合

（1）BIM 模型通过 CFD 相关软件计算热岛强度的方法

计算时，由 BIM 协同设计平台导出建筑、河流、道路、绿地的模型文件。模型文件的导出可采取两种路径：一种是直接导出 3ds 格式的模型文件；另一种是先导出 CAD 格式的文件，再在 CAD 文件中建立三维模型，导出 STL 格式的模型文件。

（2）BIM 模型通过 CFD 相关软件计算室外风速的方法

计算时，由 BIM 协同设计平台导出建筑外表面的模型文件。模型文件的导出可采取两种路径：一种是直接导出 3ds 格式的模型文件；另一种是先导出 CAD 格式的文件，再在 CAD 文件中建立三维模型，导出 STL 格式的模型文件。

由 BIM 应用系统导出模型时，可只包含建筑外表面及周围地形的信息，且导出的建筑模块应封闭好，以免 CFD 软件导入模型时发生错误。

（3）BIM 模型通过 CFD 相关软件计算室内通风的方法

计算时有两种计算方法：一种方法是导出整栋建筑的外墙及内墙信息，整栋建筑同时参与室内及室外的风场计算；另一种方法是按照室外风场计算的例子计算出建筑物的表面风压，再单独进行某层楼的室内通风计算。

另外，从协同设计平台导出建筑室内的模型文件时可采取两种路径：一种是直接导出 3ds 格式的模型文件；另一种是先导出 CAD 格式的文件，再在 CAD 文件中建立三维模型，再导出 STL 格式的模型文件。

9.5.3　基于 BIM 的建筑能耗模拟分析

1. 建筑能耗模拟分析

不同的建筑造型、不同的建筑材料、不同的建筑设备系统可以组合成很多方案，要从众多方案中选出最节能的方案，必须对每个方案的能耗进行模拟、计算、评估。大型建筑系统繁杂，建筑与环境、系统存在动态作用，这些都需要建立模型进行动态模拟和分析。

建筑能耗模拟分析已经在建筑环境和能源领域得到了越来越广泛的应用，贯穿于建筑的整个寿命期，具体应用如下：

1）建筑冷/热负荷的计算，用于空调设备的选型。

2）在设计建筑或者改造既有建筑时，对建筑进行能耗分析，以优化设计方案或者节能改造方案。

3）进行建筑能耗管理和控制模式的设定与制定，保证室内环境的舒适度，并挖掘节能潜力。

4）与各种标准、规范相结合，帮助设计人员设计出符合国家标准或当地标准的建筑。

5）对建筑进行经济性分析，帮助设计人员对各种设计方案从能耗与费用两方面进行比较。

由此可见，建筑能耗模拟分析与 BIM 有非常大的关联性，但又有区别，建筑能耗模拟分析与 BIM 的差异如下：

（1）进行建筑能耗模拟分析需要对 BIM 模型进行简化

在进行能耗模拟分析时一般按照空气系统进行分区，每个分区的内部温度一致，而所有的墙体和窗口等维护结构的构件都被处理为没有厚度的表面，但在进行建筑设计时墙体是有厚度的。为了解决这个问题，避免重复建模，在进行建筑能耗模拟分析时，从 BIM 获得的构件信息应是没有厚度的一组坐标。

除了对围护结构进行简化外，由于实际的建筑和空调系统往往非常复杂，完全真实地表述出来不仅太过繁杂，而且也没有必要，必须做一些简化处理。比如，热区的数量往往受程序的限制，即使在程序的限制以内时也不能过多，以免进行速度过慢。

（2）补充建筑构件的热工性能参数

BIM 模型中含有建筑构件的很多信息，例如尺寸、材料等，但能耗模拟软件的热工性能参数往往没有这些内容，这就需要补充和完善。

（3）负荷时间表

要想得到建筑的冷/热负荷，必须知道建筑的使用情况，即对负荷的时间表进行设置，这在 BIM 模型中往往是没有的，必须在能耗模拟软件中单独进行设置。由于还有其他模拟需要基于 BIM 信息进行计算（比如采光和 CFD 模拟），所以可以在 BIM 信息中增加负荷时间表，以降低能耗模拟软件的工作量。

2. 常用的建筑能耗模拟分析软件

用于建筑能耗模拟分析的软件有很多，其中比较常用的有：Energy-10、HAP、TRACE、DOE-2、BLAST、EnergyPlus、TRNSYS、ESP-r、DeST 等。目前，国内外有许多软件工具以 EnergyPlus 为计算内核开发出了一些商用的计算软件，例如 DesignBuilder、OpenStudio、Simergy 等，本书以 Simergy 为例说明基于 BIM 的能耗模拟计算。

3. Simergy 基于 BIM 的能耗模拟

Simergy 基于 BIM 的能耗模拟计算应用流程如图 9-64 所示。

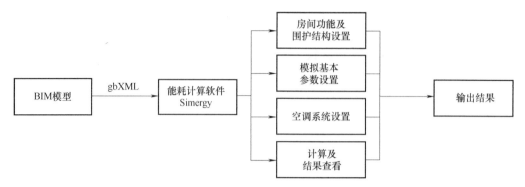

图 9-64　Simergy 基于 BIM 的能耗模拟计算应用流程

（1）导入模型

BIM 模型包含有很多的建筑信息，数据量非常大，对于能耗模拟计算仅需要建筑的几何尺寸、窗洞口位置等基本信息，目前的 gbXML 文件格式就是包含这类信息的一种文件，所以直接从 BIM 建模软件中导出 gbXML 文件就可以了。

（2）房间功能及围护结构设置

由于模型传输的过程中有可能会出现数据的丢失，所以需要对模型进行校对以保证信息的完整。一栋建筑中有很多具有不同功能要求的房间，必须分别设置采暖空调房间和非采暖空调房间，对于室内温度要求不一样的房间也应该进行单独设置；同时，对于大型建筑，某些房间在使用功能和室内环境要求一样的时候，为了减少对计算资源的占用，需要在软件中进行此类房间的合并操作。

（3）模拟基本参数设置

在设置空调系统之前，必须对模拟类型和模拟周期等进行设置。所有参数设置完成后，需要将以上设置内容保存为模板以供模拟运行时进行调用。

（4）空调系统设置

要保证计算能耗与实际结果的一致性，必须按照实际空调系统的设置情况对空调系统进行配置，其中具体的容量设置包括：空调类型、空气环路、冷凝水环路、冷却水环路等。

9.5.4　基于 BIM 的声学模拟分析

1. 基于 BIM 的室内声学分析

人员密集的空间尤其是对声学品质要求较高的空间，例如音乐厅、剧场、体育馆、教室以及多功能厅等，在进行绿色建筑设计时需要关注建筑的室内声学状况，因而有必要对这些空间进行室内声学模拟分析。基于 BIM 的室内声学分析流程如图 9-65 所示。

室内声学设计主要包括建筑声学设计和电声设计两部分。其中建筑声学是室内声学设计的基础，而电声设计只是补充部分。因此，在进行声学设计时，应着重进行建筑声学设计。常用的室内声学分析软件有 Odeon、Raynoise 和 EASE。其中，Odeon 只用于室内音质分析，而 Raynoise 兼做室外噪声模拟分析，EASE 可做电声设计。三种室内声学分析软件都是基于 CAD 平台的，包括 Rhino、SketchUp 等建模软件都可以先通过 CAD 输出 DXF、DWG 文件，然后再导入；或者通过软件自带的建模功能建模，但软件自带的建模功能过于复杂，一般不予考虑。

从软件操作的便捷性来看，Odeon 的操作更为简便；Raynoise 虽然对模型的要求较为简单，不必是闭合模型，但导入模型后难以合并，不便操作；EASE 操作较为繁琐，且对模型要求较高。

从软件的使用功能来看，Odeon 在室内声学分析方面更具有权威性，而且覆盖的功能更加全面，包括空间音乐声、语音声的客观评价指标以及关于舞台声环境的各项指标，并涵盖室内音质分析，还可做室外噪声模拟；EASE 在室内声学分析方面不具有权威性，虽然开发的 Aura 插件包括一些基础的客观声环境指标，但覆盖范围有限，其优势在于进行电声系统模拟。

在实现 BIM 与室内声学分析软件的对接过程中，应注意以下几点：

1）在使用 Revit 软件建立信息模型时，可忽略对室内表面材料参数的定义，导出模型只存储几何模型。

2）Revit 建立的模型应以 DXF 形式导出，并在 AutoCAD 中读取。

3）Revit 导出的三维模型中的门、窗等构件都是以组件的形式在 CAD 中显示的，可先删去，再用 3Dface 命令重新定义。

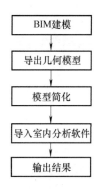

图 9-65　基于 BIM 的
室内声学分析流程

4）Revit 导出的三维模型中的墙体、屋顶以及楼板等都是有一定厚度的，导入 Odeon 等声学分析软件后进行材料参数设置时，只对表面定义吸声扩散系数。

2. 基于 BIM 的室外声学分析

在进行绿色建筑设计时，设计师尤其关注室外环境中的环境噪声，一般在进行室外声学分析时使用的是 Cadna/A 软件。Cadna/A 可以进行以下模拟：工业噪声计算与评估、道路和铁路噪声计算与预测、机场噪声计算与预测。基于 BIM 的室外声学分析流程如图 9-66 所示。

在进行道路交通噪声的预测分析时，输入的信息包含公路等级，用户既可输入车速、车流量等值获得道路源强，也可直接输入类比的源强；对于普通铁路、高速铁路等铁路噪声，可输入列车类型、等级、车流量、车速等参数。经过预测计算后可输出结果表、计算的受声点的噪声级、声级的关系曲线图、水平噪声图、建筑物噪声图等，输出文件为噪声等值线图和彩色噪声分布图。

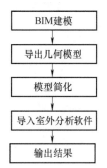

图 9-66　基于 BIM 的
室外声学分析流程

在实现 BIM 与室外声学分析软件的对接过程中，应注意以下几点：

1）使用 Revit 软件建模时，需将整个总平面信息以及相邻的建筑信息体现出来。

2）导出模型时应选择 DXF 格式，并在 CAD 中读取。

3）在 CAD 中简化模型时，应保存用地红线、道路、绿化与景观的位置，同时用 PL 线勾勒三维模型平面（包括相邻建筑），并记录各单栋建筑的高度。最后保存成新的 DXF 文件导入模拟软件中。

4）进行模拟时应先根据导入的建筑模型的平面线和记录的高度在模拟软件中建模，赋予建筑的定义。

9.5.5　基于 BIM 的光学模拟分析

1. 建筑采光模拟软件的选择

按照模拟对象及状态的不同，建筑采光模拟软件大致可分为静态和动态两大类。

1）静态采光模拟软件可以模拟某一时间点建筑采光的静态图像和光学数据。静态采光模拟软件主要有 Radiance、Ecotect 等。

2）动态采光模拟软件可以依据项目所属区域的全年气象数据逐时计算工作面的天然光照度，

以此为基础可以得出全年人工照明产生的能耗，为照明节能控制策略的制定提供数据支持。动态采光模拟软件主要有 Adeline、Lightswitch Wizad、Spot 和 Daysim，前三款软件存在计算精度不足的缺陷，Daysim 的计算精度较高。

2. BIM 模型与 Ecotect Analysis 软件的对接

BIM 模型与 Ecotect Analysis 软件之间的信息交换是不完全双向的，即 BIM 模型信息可以进入 Ecotect Analysis 软件中进行模拟分析，反之则只能誊抄数据或者通过 DXF 格式文件到 BIM 模型文件里作为参考，如图 9-67 所示。从 BIM 到 Ecotect Analysis 的数据交换主要通过 gbXML 或 DXF 两种文件格式进行。

（1）通过 gbXML 格式的信息交换

gbXML 格式的文件主要可以用来分析建筑的热环境、光环境、声环境，资源消耗量与环境影响，太阳辐射，也可以进行阴影遮挡、可视度等方面的分析。gbXML 格式的文件是以空间为基础的模型，房间的围护结构包含"屋顶""内墙和外墙""楼板和板""窗""门"，都是以面的形式简化表达的，并没有厚度信息。BIM 模型通过 gbXML 格式与 Ecotect Analysis 进行数据交换时，必须对 BIM 模型进行一定的处理，主要是在 BIM 模型中创建"房间"构件。

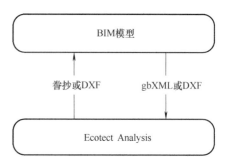

图 9-67　BIM 模型与 Ecotect Analysis 软件的对接

（2）通过 DXF 格式的信息交换

DXF 格式的文件适用于光环境分析、阴影遮挡分析、可视度分析。DXF 文件是详细的 3D 模型，因为其建筑构件有厚度信息，同 gbXML 文件相比，分析结果的显示效果更好一些。但是对于较为复杂的模型来说，DXF 文件从 BIM 模型文件导出或者导入 Ecotect Analysis 的速度都会很慢，建议先对 BIM 模型进行简化。

第 6 节　深化设计阶段的 BIM 应用管理

9.6.1　机电管线综合

机电管线综合是指将施工图设计阶段完成的机电管线进行进一步的布设，根据不同管线的不同性质、不同功能和不同施工要求，结合建筑装修的要求，进行统筹的管线位置布设。如何使各系统的使用效果达到最佳、整体布设更美观，既是工程管线综合深化设计的重点，也是施工的难点。基于 BIM 的机电管线综合通过各专业工程师与设计公司的分工合作、优化，能够针对设计存在的问题迅速对接、核对、相互补位、提醒、反馈信息和整合到位，其深化设计流程如图 9-68 所示。

图 9-68　基于 BIM 的机电管线综合深化设计流程示意图

BIM 模型可以协助完成机电安装部分的深化设计,包括综合布管图、综合布线图的深化。使用 BIM 技术改变了传统的以 CAD 叠图的方式进行机电专业深化设计的思路,应用软件功能解决水、暖、电系统等各专业之间管线、设备的碰撞,优化了设计方案,为设备及管线预留出合理的安装及操作空间,减少对使用空间的占用。在对深化效果进行确认后,出具相应的模型图片和二维图样,用于指导施工现场的材料采购、加工和安装,能够显著提高工作效率。另外,一些结合工程应用需求而自主开发的支(吊)架布置计算等软件,也能够显著提高深化设计工作的效率和质量。下面以某工程为例具体介绍机电管线综合的关键流程和内容。

本工程的机电管线综合设计可分为两步实施:针对空间净高进行控制,配合土建专业进行预留预埋工作,对机电主管线与一次结构相关的内容进行深化设计;针对精装修的具体要求,进行机电末端的深化设计工作。

1. 医疗街管线综合

本工程的医疗街位于地下一层,机电系统繁多,管线复杂,对净空要求较高。机电系统包括给排水、暖通、电气、智能化、消防、医用气体、气动物流传输等多个专业,并有几十个独立运行的机电系统。但实际提供给机电管线安装的空间较小,而精装项目对净空的要求较高,机电管线布设困难;管线布设时还需考虑综合吊架、医疗专业分包交叉工作等各种因素。

管线综合过程中通过模型深化协调工作,调整不同区域的净空,并在此基础上进行三维模型审查,经过与设计方的沟通,对局部区域的机电管线进行调整,以将管线调整到最佳位置,提升管线的净空标高。同时,对调整完成的机电管线进行多角度查看,确保管线布设的美观效果、支(吊)架的安装空间与效果、防火卷帘门的安装空间、风口无遮挡等,在保证系统功能性和美观的前提下达到了模型效果的最优化。

将调整完成的机电管线交给设计总监,由设计总监安排设计校核人员对模型进行二次审核;无误后导出二维图样,并配合出图。在图样中要严格要求施工人员按模型施工,杜绝因某专业不按模型施工造成的后期各专业管线的二次调整。完成后的机电模型如图 9-69 所示。

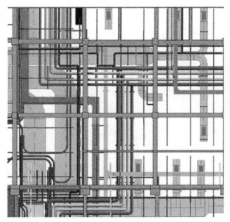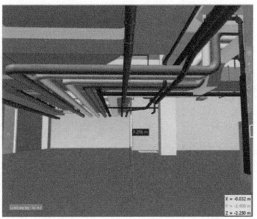

图 9-69　完成后的机电模型

2. 井道管线综合

本工程多数管井空间狭小,在井道的模型深化过程中,综合考虑检修空间、管道间距、立管的不同形式、综合支架及落地支架的安装空间、配电箱的安装高度等因素,对管道位置进行优化。深化设计完成后出具相应图样,用于完善机电管线综合施工图样,以确保设计图样的质量。管线出图如图 9-70 所示。

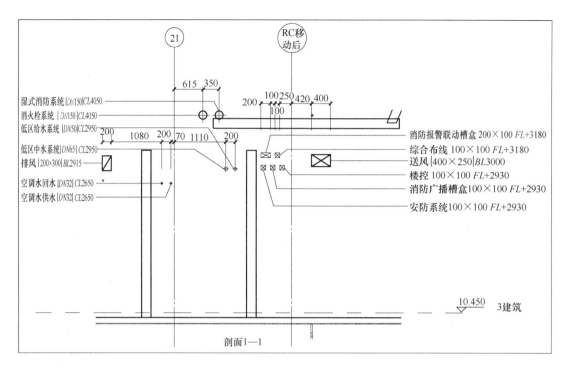

剖面1—1

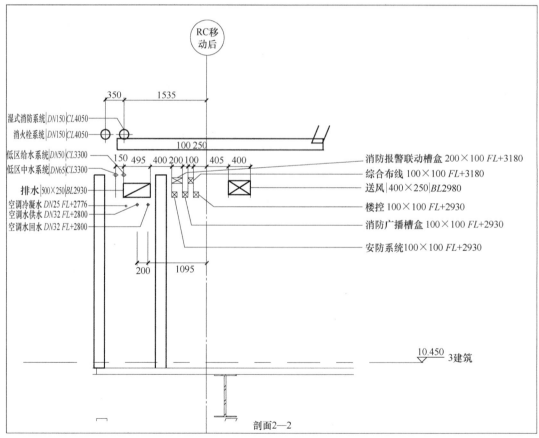

剖面2—2

图 9-70

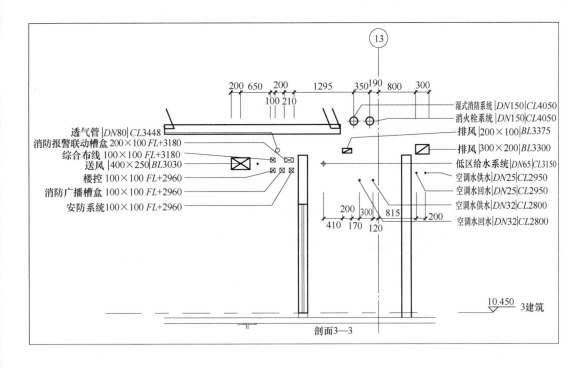

剖面3—3

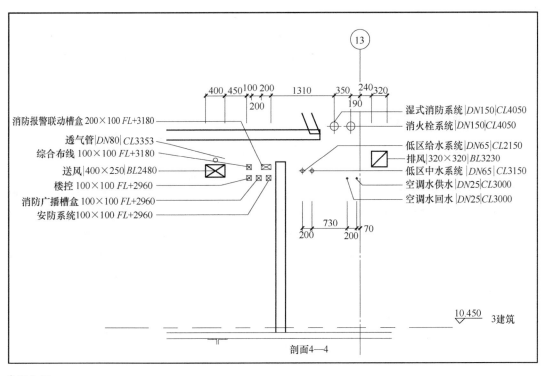

剖面4—4

管线出图

3. 走道管线综合

本工程的走道设计要求设置抗震支（吊）架，根据抗震支（吊）架示意图及项目实际剖面布置情况，通过在 BIM 模型中的布设发现，抗震支（吊）架的斜撑在多数区域将延伸到房间内部，部分走道不具有实施性，如图 9-71 所示。

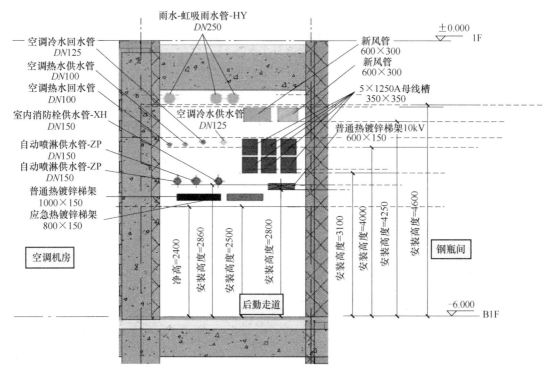

图 9-71　BIM 中的走道管线综合

在 BIM 模型中标注出没有空间安装的抗震支（吊）架的位置、需要更改空间位置的管线等信息进行整理，并与支（吊）架厂商沟通解决，寻求解决措施。

9.6.2　钢结构深化设计

对钢结构的 BIM 三维实体进行建模、出图、深化设计的过程，就是对钢结构进行模拟预拼装、实现"所见即所得"的过程。首先，所有的杆件、连接节点、螺栓焊缝、混凝土梁（柱）等信息都通过三维实体建模步骤汇入整体模型，该三维实体模型与后面实际建造的建筑完全一致。其次，所有的加工详图（包括布置图、构件图、零件图等）均是利用三视图原理投影生成的，图样中所有的尺寸包括杆件长度、断面尺寸、杆件相交角度等均是从三维实体模型上直接投影产生的。

三维实体建模出图进行深化设计的过程基本可分为四个阶段，每一个阶段都有校对人员参与实施过程控制，由校对人员审核通过后才出图，并进行下一阶段的工作。钢结构深化设计流程示意图如图 9-72 所示。

图 9-72　钢结构深化设计流程示意图

1）根据结构施工图建立轴线，布置和搭建杆件实体模型。操作时导入 AutoCAD 中的单线布置，并进行相应的校核和检查，保证两套软件设计出来的构件数据在理论上完全匹配，从而确保构件定位和拼装的精度。此阶段主要工作是创建轴线系统，以及创建、选定工程中所要用到的截面类型、几何参数。

2）根据设计图样对模型中的杆件连接节点、构造、加工和安装工艺细节进行处理。在整体模型建立后，需要对每个节点进行装配，结合工厂的制作条件、运输条件考虑现场拼装、安装方案及土建条件。某工程的整体拼接模型如图 9-73 所示，局部拼接如图 9-74 所示。

图 9-73　整体拼接模型

图 9-74　局部拼接

3）对搭建的模型进行"碰撞校核"，并由审核人员进行整体校核、审查。所有连接节点装配完成之后，运用"碰撞校核"功能进行所有细微结构的碰撞校核，以检查设计人员在建模过程中的误差。执行这一功能后能自动列出所有在结构上存在碰撞的地方，以便设计人员核实、更正，通过多次"碰撞校核"最终消除一切详图中的设计误差。

4）基于 BIM 模型出图。运用建模软件的图样功能自动产生图样，并对图样进行必要的调整，同时产生供加工和安装的辅助数据（例如材料清单、构件清单、涂装面积等）。节点在装配完成之后，根据设计准则中的编号原则对构件及节点进行编号。编完号后就可以产生布置图、构件图、零件图等，并根据设计准则修改图样类别、图幅大小、出图比例等。

　　某工程钢网架支座节点深化设计 BIM 模型如图 9-75 所示，基于 BIM 模型自动生成的施工图样如图 9-76 所示。所有的加工详图（包括布置图、构件图、零件图等）均是利用三视图原理经投影、剖面步骤生成深化图样，图样上的所有尺寸包括杆件长度、断面尺寸、杆件相交角度均是在杆件模型上直接投影产生的，由此完成的钢结构深化图样在理论上是没有误差的，可以保证钢构件的精度达到理想状态。

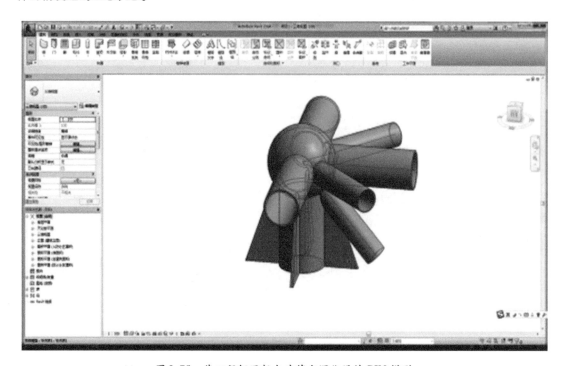

图 9-75　某工程钢网架支座节点深化设计 BIM 模型

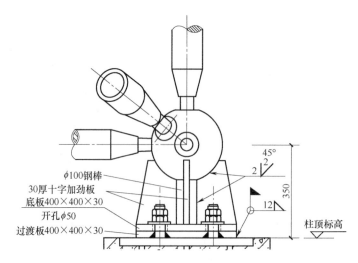

图 9-76　BIM 模型生成网架支座深化设计施工图

　　通过钢结构深化设计流程的前三个阶段，可以清楚地看到钢结构深化设计的过程就是参数化建模的过程，输入的参数作为函数自变量（包括杆件的尺寸、材质、坐标点、螺栓、焊缝形式、成本等），以及通过一系列函数计算得到的信息和模型一起被存储起来，形成了模型数据库集；第四阶段正是通过数据库集的输出形成的结果。可视化的模型和可结构化的数据库集，构成了钢结构 BIM，既可以通过变更参数的方式方便地修改杆件的属性，也可以通过输出一系列标准格式（例如 IFC、XML、IGS、DSTV 等格式）来与其他专业的 BIM 进行协同，更为重要的是成为了钢结构制造企业的生产和管理数据源。

9.6.3　幕墙深化设计

幕墙深化设计主要是对整栋建筑的幕墙中的收口部位进行细化补充设计、优化设计，以及对局部不安全、不合理的地方进行改正。

1）根据设计单位提供的幕墙二维节点图，在结构模型、幕墙表皮模型中创建不同节点的模型。通过这些模型之间的碰撞检查、设计规范以及设计对外观的要求对节点进行优化调整，形成完善的节点模型。

2）根据节点进行大面积建模，由最终深化完成的幕墙模型生成加工图、施工图以及物料清单。

3）加工厂将由模型生成的加工图直接导入数控机床进行加工，构件尺寸与设计尺寸基本匹配；加工后根据物料清单对构件进行编号，再将构件运至施工现场后可直接对应编号进行安装。

某工程的幕墙深化设计如图 9-77 所示。

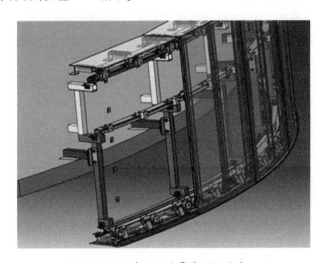

图 9-77　某工程的幕墙深化设计

课 后 习 题

一、单项选择题

1. 设计方往往是项目的主要创造者，是最先了解业主需求的参与方，设计方往往希望通过 BIM 解决一些实际问题，以下错误的是（　　　）。

A. 突出的设计效果——通过创建模型，更好地表达设计意图，满足业主需求

B. 便捷地使用并减少设计误差——利用模型进行专业协同设计，通过碰撞检查把类似空间障碍等问题消灭在出图之前

C. 可视化的设计——基于三维模型的设计信息传递和交换将变得更加直观、有效，有利于各

方沟通和理解

D. 通过 BIM 模型进行施工进度模拟与管理

2. 幕墙深化设计主要是（   ）的地方进行改正。

A. 对整栋建筑的幕墙中的收口部位进行细化补充设计、优化设计，以及对局部不安全、不合理的地方进行改正

B. 在原设计基础上进行进一步优化设计

C. 细部节点的深化设计和优化设计的过程

D. 基于 BIM 技术根据设计单位提供的幕墙二维节点图，在结构模型以及幕墙表皮模型中创建不同节点的模型

3. 三维实体建模出图进行深化设计的过程，基本可分为（   ）个阶段。

A. 一　　　　　　　B. 二　　　　　　　C. 三　　　　　　　D. 四

二、多项选择题

1. 基于 BIM 的机电管线综合深化设计流程包括（   ）。

A. 制作专业精准模型

B. 综合链接模型

C. 碰撞检查

D. 分析和修改碰撞点

E. 数据集成

2. 在实现 BIM 与室外声学分析软件的对接过程中，应注意以下几点（   ）。

A. 使用 Revit 软件建模时，需将整个总平面信息以及相邻的建筑信息体现出来

B. 导出模型时应选择 DXF 格式，并在 CAD 中读取

C. 在 CAD 中简化模型时，应保存用地红线、道路、绿化与景观的位置，同时用 PL 线勾勒三维模型平面（包括相邻建筑），并记录各单栋建筑的高度。最后保存成新的 DXF 文件导入模拟软件中

D. 进行模拟时应先根据导入的建筑模型的平面线和记录的高度在模拟软件中建模，赋予建筑的定义

E. Revit 导出的三维模型中的墙体、屋顶以及楼板等都是有一定厚度的，导入 Odeon 等声学分析软件后进行材料参数设置时，可对整体定义吸声扩散系数

3. 常见的建筑空间类型有（   ）。

A. 外部空间、内部空间

B. 灰空间、固定空间

C. 可变空间、敞开空间

D. 封闭空间、肯定空间

E. 模糊空间、虚拟空间

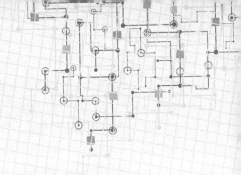

第 10 章　企业族库管理及 BIM 技术应用

第 1 节　企业族库管理

当前正处于工程设计模式由传统的二维设计向以 BIM 应用为主的三维设计模式的转型时期，如何保障设计效率，如何对模型构件进行规范化管理，已经成为设计方关注的焦点之一。BIM 软件已经广泛应用在各大设计院中，而各设计院提高 BIM 设计效率的关键因素之一是企业族库的完备水平，依赖于参数化构件的广泛使用。设计人员除了对族库的内容、数量方面的要求之外，更加注重的是如何去管理族构件，如何优化族构件的使用流程，从而提高 BIM 设计效率、保障交付成果的规范性与完整性。

本节根据实际案例（设施设备相关）编制而成，各单位在进行族库管理时可根据实际情况酌情调整。

一、族分类与命名

1. 族文件夹命名规则

设施设备族库按照设施设备族分类建立文件夹，并保存相应的族文件，所有的族文件成果需按类型放置。

2. 族创建

族创建一般包括族几何信息、族构件非几何信息、族创建流程、族校验等内容。

（1）族几何信息

1）设施设备族的建模几何尺寸遵循准确 + 适用的原则，以图样尺寸为准。同时，根据相关几何尺寸参数的实际使用需求确定参数类型，并完成表 10-1。

表 10-1　设施设备族几何参数表

序号	参数名称	几何参数说明	族参数		共享参数	
			类型参数	实例参数	类型参数	实例参数

注：具体的共享参数设置规则将单独成表。

2）收集创建族时所需的各类图样，包括设施设备对象的平面图、立面图、剖面图及轴测图等。

3）分析设施设备对象的几何体，确定设施设备对象几何形状的特征参数，并明确几何参数的类型。

（2）族构件非几何信息

本节讲述的族构件非几何信息的类型及内容见表 10-2。其中，非几何信息可根据可选性 R（Required，必选）、O（Optional，可选）进行信息输入。本节讲述的族构件非几何信息应根据属性信息的实际使用需求确定族参数的类型，并完成表 10-2。

表 10-2　设施设备族构件非几何信息表

序号	参数分组方式	名　称	可选性	参数类型	参数类型说明	族参数		共享参数		备注
						类型参数	实例参数	类型参数	实例参数	
一	基本信息									
1		设施设备编码（ID）	R	文字	字符串				√	后期输入
2		设施设备名称	R	文字	文本型			√		后期输入
3		设施设备型号	R	文字	文本型			√		后期输入
4		设施设备描述	O	文字	文本型			√		后期输入
二	位置信息									后期输入
5		所属建筑物	O	文字	文本型				√	
6		位置描述	O	文字	文本型				√	

注：非几何信息表将作为族创建的属性模板，其参数值在族加载至项目后由软件自动生成或人工添加。

（3）族创建流程

本节主要讲述族的创建流程，如图 10-1 所示。

1）族创建的初步设置如下：

① 选择合适的族样板并定义族类别。

② 预设族类型和族参数。

③ 布局参照线和参照平面。根据表 10-1 和表 10-2 预设相应的族类型和族参数时，建议先创建一个族类型，确保这个族类型质量合格后再新建新类型，并可修改参数值添加其他的族类型。

④ 添加尺寸标注并与参数相关联，要选择合适的参照线或参照平面的标注尺寸，并与相应的参数相关联。

2）族几何体的绘制。先绘制族的几何体（2D/3D），并约束到相应的参照平面和参照线。再根据实际需要载入嵌套族并放置，并考虑添加控件、连接件等。

3）族的参数化设置。继续关联其他的族参数，之后检查各类型下的参数值，检查能否正确控制族中各图元的行为，以验证参变性能（包括几何参数和非几何参数）。

4）族的相关特性设置，包括族的子类别、可见性、视图、保存状态、统一性设置（族各个视图的缩放比例、视觉样式，以及清除未使用项等）等。

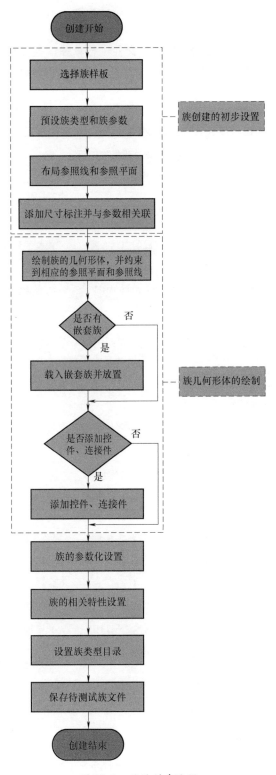

图 10-1　族的创建流程

5) 设置族类型目录（可选）。当族的类型较多时，例如已经超过了 6 个，那么可以考虑通过创建类型目录来实现族类型的设置，这样可以简化在族编辑器内创建族类型的过程，在载入族时提供更大的灵活性；并且，在使用时可以缩短"类型选择器"的下拉列表长度，提高操作效率，还可以减小项目文件的体积，提高文件性能。

6）保存待测试族文件。将制作好的 Revit 族文件进行单独保存，然后使用 Revit 打开项目文件，并加载测试族文件，确保能正常加载到项目文件里，同时可以修改设置该族文件的相关参数。

（4）族校验

本节讲述的族需进行以下校验项目：显示效果、参变性能、使用性能、管理规定等，具体校验项目内容见表 10-3。设施设备族文件的校验必须符合表 10-3 的规定。

表 10-3　设施设备族校验

校验项目	校验内容	视图	内容说明	校验要求	备注
显示效果	三维形体	三维	校验所有图元的显示状态	不同详细程度的各图元的可见性是否符合设计要求	
		三维	观察由模型组成的空间布置	模型组件没有空间冲突	
		三维	检查模型的材质（颜色）、线型图案、填充样式等的显示状态	符合族创建标准	
	二维图形	平面立面剖面	校验图形的显示是否符合设计规范，包括尺寸标注、文字说明等	二维图形表达与设计规范相符	
		平面立面剖面	观察图形的二维布置	二维图形表达与设计规范相符	
		平面立面剖面	检查模型的材质（颜色）、线型图案、填充样式等的显示状态	符合族创建标准	
参变性能	参变性能	三维	在属性对话框中修改族属性信息，检查族各图元的显示状态变化	各图元的变化情况正常	
使用性能	加载族文件	—	将族文件载入项目中	正常加载、信息准确	
	应用于项目	三维	将族文件加载到模型项目中	正常加载、信息准确	
管理规定	族文件命名	—	在族编辑器中检查族文件的编码和名称	符合族创建标准	
	参数完整性	—	在族编辑器中检查族所承载的属性信息的数目	符合相应标准	
	参数命名与分组方式	—	在族编辑器中检查族所承载的属性信息及其类型	符合相应标准	
	族文件升级	—	检查族文件版本的升级设置	符合族文件版本的可升级性	

　　在校验族文件的过程中，需完成表 10-4 的校验报告，记录族文件的校验结果，并填写必要的校验说明。当且仅当族文件的各校验项目的校验结果为"√"时，族的校验结果为"通过"；若族校验结果为"不通过"，创建者需根据族校验报告进行修改，直至通过校验为止。

表 10-4　族校验报告

族文件				xxx. rfa	
创建者（单位）					
创建时间					
校验者（单位）					
校验时间					
校验结果				通过／不通过	
校验项目	校验内容	内容说明	分项校验结果 √／×		校验说明
显示效果	三维形体	图元显示			
		空间布置			
		材质（颜色）、线型 图案、填充样式			
	二维图形	设计规范（在族编辑器中 显示的尺寸标注、 文字说明等）			
		二维布置			
		材质（颜色）、线型 图案、填充样式			
参变性能	参变性能	修改族属性信息			
使用性能	加载族文件	将族文件载入项目中			
	应用于项目	加载至项目			
管理规定	族文件命名	编码和名称			
	参数完整性	属性信息数目			
	参数命名与 分组方式	属性信息及其类型			
	族文件升级	族文件的可升级性			

3. 族交付

族在创建完成后进行交付时，应提供使用说明书（PDF 格式），说明书应包括以下内容：

1）族文件的版本号。

2）族类别、族类型的介绍。

3）族主要类型参数、实例参数和共享参数的涵义描述。

4）族在项目文件中的放置过程描述。

5）族控件的功能描述。

下面以污水泵房的污水泵为例，表 10-5 提供了创建污水泵族所需的几何信息表和非几何信息表（表 10-6），以此讲解进行族交付时应包括的信息。

表 10-5　污水泵族的几何信息表

序号	参数名称	几何参数说明	数值/mm	族参数	
				类型参数	实例参数
一	固定尺寸	用于形成水泵外形，根据图样量取			
1	安装长度	水泵总长度	900	√	
2	造型长度	水泵中部锥体长度	395	√	
3	安装宽度	水泵最宽处尺寸	360	√	
4	造型直径 1	水泵最大直径	360	√	
5	造型直径 2	水泵接缝处直径	256	√	
6	造型半径 1	进水口法兰半径	198	√	
7	造型半径 2	出水口法兰半径	200	√	
		…….			
二	可变尺寸	根据族使用情况，能够进行相应调整			
1	控制半径 1	排出管半径	/		√
2	控制半径 2	吸入管半径	/		√

表 10-6　污水泵族的非几何信息表

序号	参数分组方式	名称	参数值	族参数		共享参数		备注
				类型参数	实例参数	类型参数	实例参数	
一	基本信息							
1		设施设备编码（ID）	080301030000				√	后期输入
2		设施设备名称	给排水及消防-排水系统-离心泵-污水泵				√	
3		设施设备型号	PW 型污水泵				√	后期输入
4		设施设备描述	输送污水	√				
二	位置信息							后期输入
5		所属建筑物或部位	场地排水				√	
6		位置描述	×××××				√	

污水泵族的使用说明书内容如下：

1）污水泵 3D 图如图 10-2 所示。

2）族文件：HDTSJ-PS-WS-污水泵 . rfa。

3）版本号：V1.0。

4）族类别：机械设备。

5）族类型：泵型号。

6）族的几何信息参数见表 10-7。

7）族的非几何信息参数见表 10-8。

8）族在项目中的放置：打开项目文件并载入族后，切换到污水泵待布置的楼层平面视图，创建污水泵族的实例并放置在相应水平面的位置。可修改参数"偏移量"调整竖向位置。

9）族控件：选择双向垂直控件✛可实现垂直方向的上下翻转；选择双向水平控件✛可实现水平方向的左右翻转。

图 10-2　污水泵 3D 图

表 10-7　污水泵族的几何信息参数

参 数 名 称	参 数 说 明	族参数/共享参数	类型参数/实例参数
安装长度	污水泵总长度	族参数	类型参数
造型长度	污水泵中部锥体长度	族参数	类型参数
安装宽度	污水泵最宽处尺寸	族参数	类型参数
造型直径 1	污水泵最大直径	族参数	类型参数
造型直径 2	污水泵接缝处直径	族参数	类型参数
造型半径 1	进水口法兰半径	族参数	类型参数
造型半径 2	出水口法兰半径	族参数	类型参数
控制半径 1	排出管半径	族参数	实例参数
控制半径 2	吸入管半径	族参数	实例参数

表 10-8　污水泵族的非几何信息参数

序号	参 数 名 称	参 数 说 明	族参数/共享参数	类型参数/实例参数
1	设施设备编码（ID）	污水泵的设备编码	共享参数	类型参数
2	设施设备名称	污水泵设备的完整名称（包括所属层级的名称）	共享参数	类型参数
3	设施设备型号	污水泵型号	共享参数	类型参数
4	设施设备描述	污水泵的设备补充说明	族参数	实例参数
5	所属建筑物或部位	污水泵所在的建筑物	共享参数	实例参数
6	位置描述	污水泵所在建筑物的具体位置说明	共享参数	实例参数

二、 族库管理

（一） 族使用现状

据调查统计，目前大部分使用 BIM 技术的企业，对于族或者构件的使用、认知存在以下问题：

1）72% 的 BIM 人员不愿意免费分享自己定制的构件。

2）设计院、咨询单位有 50% 的 BIM 人员不知道单位其他人是否做过自己所需的类似构件。

3）施工单位各项目部在各地办公，90% 的人员不知道单位其他人是否做过类似构件。

4）80% 的单位没有用 BIM 构件进行管理的概念，也很少对 BIM 构件进行专门分类、归档。

（二） 管理现状

1. 中小型企业族库管理的现状

1）员工自己创建的族未及时整理，关键时刻查找不方便。

2）众多项目的族随用随找，项目质量不能保证。

3）无标准 BIM 构件，大家重复制作族的可能性较大。

2. 大中型企业族库管理的现状

1）企业缺乏构件标准，部分 BIM 构件质量较差，不利于后续管理。分类混乱无统一管理。

2）众多企业以文件夹或服务器管理模式为主，权限管理困难，并且构件整合效率较低。

3）员工离岗或离职后，发生构件丢失。

4）全国范围内各个项目部或各地方公司的构件库交换困难，共享效率低，重复工作量大。

5）员工数据与构件库操作无迹可查。

6）简单的文件存储方式无法满足企业级应用对高效率的要求，迫切需要进行平台管理。

作为 BIM 设计方向的管理人员，学会如何管理族库非常重要，对于提高设计质量、缩短设计周期、把控整体设计有着重要意义。

1）选择好存储方式。存储方式有很多，主要有三种方式：工作站的方式存储、云平台方式存储、公有云或者私有云方式存储。不管是哪种方式，基本的数据接口是 C/S 方式。

2）选择数据库。根据数据量情况可选择 Access、SQL、Oracle 等数据库。

3）确定族库展示形式。族库的展示形式有两种：一种是挂接 Revit，另一种是不用挂接 Revit。挂接 Revit 的时候需要布局好族的展现形式，以方便设计者调用。

4）族的分类。族的分类应该按照专业→系统→功能的顺序进行，根据需求分级别组织。一般情况下，分三级就可以满足需求，比如暖通→排烟→弯头（阀门等）。

5）编码系统。族库的 ID 号（编码系统）是比较复杂的，但有一个总的原则：确定好编码的使用对象（机器还是人）。如果编码是针对机器的，那么该编码必须是结合使用编码的设备进行编制；如果编码的使用者是人，那么该编码就需要清晰地表达出该族的信息。

6）确定族的哪些信息需要表达出来，哪些信息不需要表达出来。

7）确定哪些族要用参数驱动，哪些族不用参数驱动。

作为 BIM 设计的管理者，上面几条必须搞清楚，这对于后续的设计管理很重要。

（三） BIM 族库建设管理解决方案

可借助 BIM 构件分类管理共享平台，为个人、项目乃至企业、集团提供在线族分类、共享、管理的服务，如图 10-3 所示。下面以族库宝为案例进行讲解。

1. 个人管理

根据自己的收藏和使用习惯自定义族分类的方式，将自己做的族及相关附件上传至云端进行储存，除了自己使用以外也可以分享至企业和族广场供其他人使用。当然，在族广场中也可以随时搜索并下载自己上传或其他人共享的族，这样就解决了族文件分类及使用时查找不便的问题，提高了工作效率，避免重复制作族。个人管理如图 10-4 所示。

上传族时可以自定义族的类型，以方便搜索和分类查找；备注构件的项目来源，同类项目的投标和实施可以快速使用类似构件；可将相关的族说明、csv 文件等作为附件同时上传，避免只下载族文件而无法使用的情况出现，保证信息的完整性。上传族界面如图 10-5 所示。

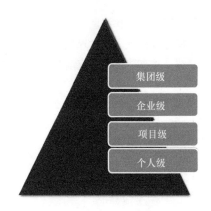

图 10-3　族库管理

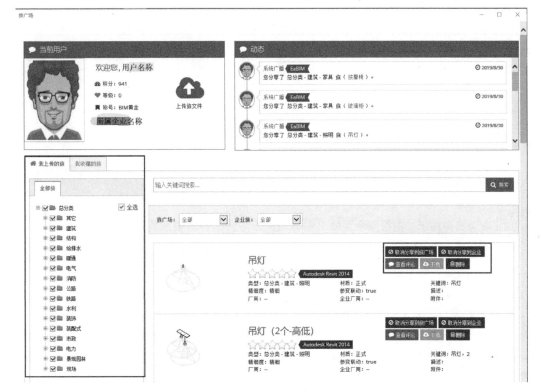

图 10-4　个人管理

2. 项目模型样板文件管理

BIM 技术的应用和推广可在企业的科技进步和转型过程中起到有效促进作用，也给相关行业的发展带来了巨大的推动力，但 BIM 技术在我国的兴起时间较短，从业人员水平参差不齐，众多 BIM 机构的应用难以协同，导致企业在应用 BIM 的过程中存在各种各样的问题。制定 BIM 标准有助于规范企业对 BIM 技术的应用，对推动企业 BIM 技术的发展有重要的指导意义。在企业内部建立规范的模型样板文件是后续建立规范模型的前提，在推动企业 BIM 应用的过程中起到重要作用。

模型样板文件应设置启动页，启动页应包含项目名称、项目地址、设计单位信息、设计人员信息以及模型使用注意事项等。当交接模型时，其他人员可以通过启动页对项目的相关信息及模型进行了解，防止因操作不当造成模型的损坏。

制定不同的工作视图（项目浏览器），方便不同人员根据自己的工作职责选择相应的视图工作，这样可以杜绝多人共享同一视图进行工作导致的颜色方案、视图范围、临时显示/隐藏等工作发生冲突，提高了工作效率。项目浏览器如图 10-6 所示。

图 10-5　上传族界面

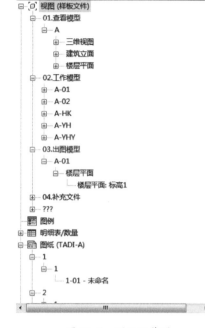

图 10-6　项目浏览器

如企业有出图需求，应根据企业的出图习惯、出图线型等对模型的对象样式进行调整，以满足企业出图需求，如图 10-7 所示。

3. 企业 BIM 建模及应用管理

为满足企业各专业、各参与人员在 BIM 技术实施过程中对 BIM 信息的沟通和协调需求，确保 BIM 技术在项目实施过程中的 BIM 信息交换标准能够满足连续性要求，企业需根据自身特色及项目特点提出一整套有利于项目全生命周期的 BIM 实施导则框架体系。这一体系不仅应具备良好的实用性，同时也应兼顾开发性和前瞻性；并且，随着企业的发展、项目的推进、BIM 技术的进步及应用经验的积累，还可进一步深化和完善。这一体系需适用于建筑、结构、机电（空调、采暖、给排水、雨水、消防、强电、智能化、燃气、小市政及相关大市政、室外园林给排水及照明、照明配电、室外场地排水、水景等）、钢结构、幕墙、室内装修等各相关专业。

设计单位的 BIM 技术应用工作涉及概念设计阶段、方案设计阶段、扩大初步设计阶段、施工图设计阶段等，持续周期比较长，涉及人员较多，BIM 实施的难度较大，需各专业相关设计人员密切合作、克服困难、积极推进。为能顺利实现企业 BIM 技术的顺利推行，企业应明确相关人员的岗位职责。

1）BIM 项目经理：负责协调、把控整个项目的 BIM 设计工作的开展；负责控制整个项目 BIM 模型的建立过程，确保技术路线，统一技术规范，并且在模型提交前进行审核；负责 BIM 成果的审核，并向甲方提交 BIM 成果报告；及时阐述 BIM 在各环节中的最新应用价值和实施、操作方式；辅助甲方定期召开基于 BIM 报告的工作协调会（或将 BIM 报告成果纳入工作例会），并作 BIM 相

图 10-7　对象样式修改

关汇报；对突发事件及时做出反应。

2）BIM 专业负责人：负责核查项目专业图样，协助项目负责人、BIM 项目经理及各专业负责人控制本专业的工作进度；负责本专业各阶段模型的搭建，同时做好与其他专业负责人的沟通。

3）BIM 专业应用人员：负责各专业的 BIM 建模工作；协同各专业建模人员进行相关报告输出（问题报告、碰撞报告等）；在业主/建设机构授权下向各参与方及时索取相关图样资料；在业主/建设机构授权下直接和各参与方人员协调配合。

4. 集团管理

从图 10-8 中不难看出，对于集团公司级别的族库管理，不仅要考虑到常用的族库专业分类，还要为各个分公司建立专属的族库空间。这样既保证了专业性和标准化，还给各个分公司足够的灵活性。

目前，各个集团公司对于集团级别的管理模式各不相同，每个公司根据自身的特点制定了不同的管理模式，而集团公司的族库又非常庞大，一般由专人组织集团公司各部门一并制定而成。集团公司族库的制定大致要遵从以下几个原则：

1）体现族库的层级感，既要有常规族，也要兼顾各分公司的特点。

2）体现每个族的规范性、专业性、实用性、拓展性。

3）每个族要好用，符合实际项目要求。

5. 外部族管理

除企业内部员工自己创建、收集的族以外，也可将长期合作的材料设备厂商的 BIM 构件进行

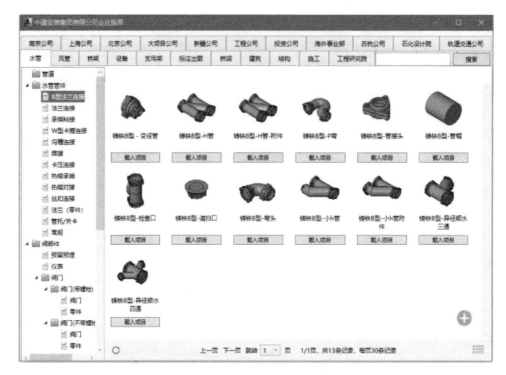

图 10-8　集团公司级别的族库管理

上传管理，提高重复使用率和模型的标准化，如图 10-9、图 10-10 所示。

图 10-9　品牌信息

三、建模准备工作

1. 软件配置（以下仅供参考）

1）BIM 建模软件及版本：Civil 3D 2016、Revit 2019、Rhino 6、Tekla、3ds Max 等，企业可根据自身情况及项目特点选定建模软件。

2）BIM 模型整合软件及版本：Navisworks 2018，企业可根据自身情况及项目特点选定模型整合

图 10-10　外部族管理

软件。

3）其他 BIM 应用分析软件及版本：原则上不对分析软件进行限定，但选用的分析软件应确保建立的三维模型及构件的信息是完整的，并保证模型及构件的信息能与其他系列的 BIM 软件共享。

2. 基本规定

每一个专业、每一款建模软件有各自的表达方式，但在建模之前至少要熟悉以下几点：

1）熟悉设计图样的表达单位。

2）明确坐标体系。

3）明确标高体系。

4）确定项目的基点、定位。

5）确定项目方位。

6）设置轴网的统一性。

3. 模型详细程度

模型的详细程度是指模型的精度或者模型的完整度，目前主要以 LOD100 ~ LOD500 来描述。

1）LOD100：一般用于规划、概念设计阶段，该程度下的 BIM 模型包含了建筑项目基本的体量信息（例如长、宽、高、体积、位置等），可以帮助项目参与方尤其是设计方与业主方进行总体分析（例如容量、建设方向、每单位面积的成本等）。

2）LOD200：一般用于设计开发及初步设计阶段，该程度下的 BIM 模型包括建筑物大概的数量、大小、形状、位置和方向，同时还可以进行一般的性能分析。

3）LOD300：一般用于细部设计，该程度下建立的 BIM 模型构件包含了精确数据（例如尺寸、位置、方向等信息），可以进行更为详细的分析及模拟（例如碰撞检查、施工模拟等）。另外，人们常说的 LOD350 就是在 LOD300 的基础上再加上建筑系统（或组件）之间组装所需的接口信息细节。

4）LOD400：一般用于施工及加工制造、组装，该程度下的 BIM 模型包含了完整制造、组装、细部施工所需的信息。

5）LOD500：一般用于竣工后的模型，该程度下的 BIM 模型包含了建筑项目在竣工后的数据信息，包括实际尺寸、数量、位置、方向等。

4. 机电管线颜色设定

对机电管线的颜色进行统一规定，保证在模型建立及浏览过程中可以通过颜色直接区分管道系统（表10-9），提高工作效率。

表 10-9　机电管线颜色设定

序号	专业	系统名称	系统缩写	颜色 RGB	颜色示意	备注
1		送风	SF	253-168-217		
2		排风	PF	045-227-197		
3		排烟	PY	255-255-0		
4	暖通	采暖高区供水	RG2	059-123-251		
5		采暖高区回水	RH2	135-221-245		
6		采暖低区供水	RG1	200-080-080		
7		采暖低区回水	RH1	255-143-180		
8		动力	DIL	255-153-051		
9		弱电	RD	153-054-255		
10		照明	ZM	000-204-255		
11	电气	干线	MS	255-255-0		
12		消防	XF	128-255-000		
13		强电	QD	000-128-255		
14		给水	GS	128-255-000		
15		中水	ZS	000-204-153		
16	给排水	排水	PS	255-255-0		
17		消防栓	XH	255-000-000		
18		自动喷洒系统	ZP	255-000-255		

注：企业可根据自身情况及项目特点自行设置。

四、BIM 工作管理及流程

1. BIM 工作管理

结合项目进展的不同阶段，BIM 工作管理大体分为 BIM 模型管理、BIM 协同平台管理、BIM 成果交付、BIM 模型变更管理、BIM 模型版次管理、BIM 设计反馈管理、BIM 成果归档管理和其他 BIM 服务管理。在设计阶段，BIM 项目负责人和 BIM 项目经理负责管理设计阶段的 BIM 工作，并配合业主进行 BIM 全过程管理的策划工作。BIM 项目负责人在服务期内管理该项目的 BIM 团队。BIM 项目负责人作为 BIM 应用过程中的具体执行者，负责 BIM 工作的沟通和协调、定期组织 BIM 工作会议、按要求出席项目例会。

在 BIM 工作实施前，服务方的 BIM 项目经理应根据合同中的 BIM 内容拟定相应的 BIM 工作计划、时间节点及实施保障措施，并在工作过程中要求参与的 BIM 工程师按对应的要求落实执行，同时按不同的时间节点向业主提交 BIM 模型成果。要注意的是，服务方在 BIM 工作过程中需接受业主的管理和监督。

2. BIM 文件管理

BIM 文件包括 BIM 模型文件以及 BIM 应用成果文件，是项目设计文件的一部分，其包含全部 BIM 模型文件和 BIM 应用成果文件的最终版本，进行 BIM 文件管理应将各个设计阶段的 BIM 成果文件进行备档。

3. BIM 工作管理流程

1）BIM 建模流程如图 10-11 所示。

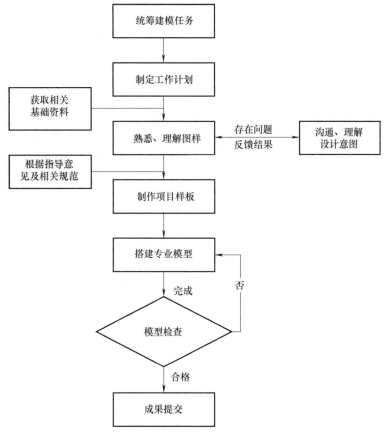

图 10-11　BIM 建模流程

2）BIM 模型检查流程如图 10-12 所示。

3）各专业校核内容如下：

① 保证模型内的坐标系统正确无误。

② 平面、立面、剖面三维视图完整，视图深度、模型显示符合设计要求。

③ 模型拆分符合要求。

④ 校核各专业模型与对应的设计图样的版本及内容保持一致。

⑤ 所有图样和无关视图已从模型中移除。

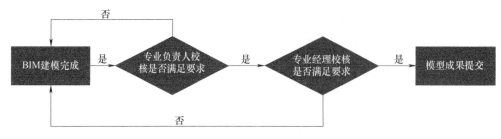

图 10-12　BIM 模型检查流程

⑥ 模型文件已经过清理和压缩。

⑦ 模型文件与中心文件分离，所有链接的参照文件已被移除。

⑧ 在所有视图的"可见性/图形替换"对话框里，不勾选分析模型选项卡中的"在此视图中显示分析模型类别"选项。

第 2 节　BIM 技术应用

设计方在得到与设计合同相关联的 BIM 任务的同时，往往会被要求进行其他的配套服务（比如施工指导），所以设计方针对 BIM 技术的应用包括了更为广泛的内容，下面作一个简单的介绍。

10.2.1　基础模型的创建、维护

1）根据工程建设项目的总控计划建立项目的全专业模型，在项目建设过程中实时对该基础模型进行跟踪维护和更新，保持模型的完整性、正确性。

2）为了确保项目信息的唯一性，消除项目中的信息孤岛，应汇总项目参与方各团队模型的工程信息，并按照项目规则进行统一整理，制成能够指导项目决策的基础数据并加以储存，以备在项目全过程中进行共享，打通项目建设过程中的信息通道。

3）项目的不同阶段，对 BIM 模型的详细程度有不同的要求，应根据需求进行分阶段的模型搭建。

4）要完成项目全生命周期内的所有内容仅靠一个 BIM 工具是不够的，依据项目进度和具体要求，目前业内主要采用"分布式"的 BIM 模型搭建方法，建立符合工程项目要求和使用用途的 BIM 模型。这些模型分阶段、分步骤搭建，包括体量模型、设计模型、施工模型、进度模拟、成本控制、加工模型、安装或者组装模型等。

10.2.2　场地布局分析

1）场地布局分析从设计层面来讲，通过 BIM 技术快速建立场地总体规划模型，是解决建筑物定位的主要手段，可确定建筑物的空间相对位置和外观，可建立建筑物与周围景观之间的生态关系以及整体的美观协同。

2）场地布局分析从施工层面来讲，施工单位可根据场地布局分析快速搭建场地模型：比如施工区域、材料堆放区、现场加工区、安全通道、行车道、生活区、办公区等，可直观地表达各个

功能区之间的相对位置，从而分析施工场地布局的合理性。

3）在项目前期规划阶段，设计方要对场地的地形地貌、植被、气候条件、地质情况进行深入的测量、分析，因为这些都是影响设计决策的重要因素。通过对这些因素的分析对施工场地进行整体上的布局规划，比如景观、环境、施工配套、交通等规划。

4）传统的场地布局分析存在分析不足、主观因素过重、硬件方面限制过多、无法处理大数据等弊端。现在有了 BIM 技术，可以通过 BIM 技术结合 GIS 对场地及拟建的建筑物空间的有关数据进行建模，通过 BIM 及 GIS 的强大功能迅速得出更加具有指导意义的分析结果，帮助设计方在规划阶段评估场地的使用条件和特点，从而正确做出新建项目的场地规划、交通流线组织关系、建筑布局等关键决策。

10.2.3　建筑策划

传统的建筑设计基本都是根据建筑设计师的经验、专业水平和设计任务书来完成项目的建筑整体设计，虽然在这个过程中也使用一些辅助设计手段，但由于科技水平的限制，作品还是存在各种问题。为了使建筑设计更加完美和问题更少，表现形式更加直观，要对设计内容进行深入、合理的推导，对建设目标所处的社会环境及相关因素进行一系列的逻辑数理分析，研究项目任务书对设计的合理导向，制定和论证建筑设计的依据，科学地确定设计的内容。

BIM 能够帮助项目团队在建筑规划阶段通过对空间进行分析来理解复杂空间的设计标准，从而节省时间，并提供团队更多增值活动。特别是在与客户讨论需求、进行选择以及分析方案时，能借助 BIM 及相关分析数据做出关键性的决定。

BIM 在建筑策划阶段的应用成果还会帮助设计团队在设计阶段根据设计的变化随时查看初步设计是否符合业主的要求，是否满足建筑策划阶段确定的设计要求，通过 BIM 进行信息传递或追溯，可显著减少在后续详图设计阶段因不合格而需要修改设计导致的巨大浪费。

10.2.4　在项目方案论证阶段的应用

1）在项目方案完成后的论证阶段，项目建设方可以使用 BIM 模型来对设计方案的整体布局、视角、照明灯光、安全路径、人体工程学、声学、材质纹理、色彩搭配及设计规范的遵守情况有一个直观的了解。

2）在建筑局部的细节推敲方面，可以使用 BIM 模型直观、迅速地分析在设计和施工中可能遇到的问题，并提前提出解决方案。

3）在方案论证阶段借助 BIM 固有的特点，可以方便地提出不同解决方案供项目建设方进行比对选择；同时，通过数据比对和模拟分析，可以直观地看到不同解决方案之间的优缺点，可减少项目建设方评估方案的时间成本。

4）建筑设计师通过 BIM 来评估自己设计的空间，在汇报方案的时候能更加直观地介绍方案的每一个细节，与建设方获得较高的互动效应，以便获得积极的反馈。

5）设计的实时修改往往基于最终用户的反馈，在 BIM 平台下，项目各方关注的焦点问题比较容易得到直观的展现并迅速达成共识，决策的时间也会显著减少。

10.2.5　可视化设计

一些传统的三维可视化设计软件（比如 3ds Max、SketchUp 等）的出现有力地弥补了业主及最终用户因缺乏对二维图样的理解能力造成的和设计师之间的交流不顺畅的弊端，每一款软件有其自身的定位和核心功能，没有一款软件能实现设计过程中的所有功能，所以这些软件从开发定位、理念和功能上有着自己的特点，使得这样的三维可视化不利于前期方案的推敲，在信息共享、协同设计方面还不是很完善，理论与真实的方案之间存在一定的差距。

BIM 的出现使设计师不仅拥有了三维可视化的设计工具，实现了所见即所得，更重要的是通过工具的提升，设计师能使用三维化的思考方式来完成建筑设计，为项目以后的各项应用打下了良好的基础。同时，使业主及最终用户摆脱了技术壁垒的限制，能直观地看到设计师的作品，这为后期的运维提供了技术保障。

10.2.6 协同设计

协同设计是在建筑业环境发生深刻变化、建筑的传统设计方式必须得到改变的背景下出现的，也是数字化建筑设计技术与互联网技术快速发展相结合的产物。传统的协同设计中信息不对称，更多的是人为的以开会的方式沟通，大部分在 CAD 平台基础上进行一些简单的协同设计。BIM 技术的出现打破了这样的技术局限，以一种全新的方式加强了设计师之间的紧密沟通；同时，也不受地域的限制，不同的设计师可以在不同区域进行不同专业的设计，设计人员通过网络的协同展开设计工作。

现有的协同设计主要是基于 CAD 平台，并不能充分实现专业之间的信息交流，这是因为 CAD 的通用文件格式仅仅是对图形的描述，无法加载附加信息，而且兼容性较差，导致专业之间的数据不具有关联性。BIM 技术的出现使协同已经不再是简单的文件参照那么简单了，BIM 技术为协同设计提供了底层技术支撑，大幅提升了协同设计的技术含量。借助 BIM 的技术优势，协同的范畴也从单纯的设计阶段扩展到了建筑全生命周期，需要规划、设计、施工、运营等各方的集体参与，因此具备了更广泛的协同平台，从而带来了综合效益的大幅提升。

10.2.7 性能化分析

性能化分析在二维平面时代，无论什么样的分析软件都必须通过人工的方式输入相关数据才能开展分析计算，并且这些操作和使用需要专业技术人员经过培训才能完成。一旦设计方案进行了调整，造成原本就耗时耗力的数据录入工作需要经常性的重复录入或者校核，导致包括建筑能量分析在内的性能化分析被安排在设计的最终阶段，成了一种象征性的工作，使建筑设计与性能化分析计算之间严重脱节。

利用 BIM 技术，建筑师在设计过程中创建的虚拟建筑模型已经包含了大量的设计信息（几何信息、材料性能、构件属性等），只要将模型导入相关的性能化分析软件，就可以得到相应的分析结果，使得原本需要专业人士花费大量时间输入大量专业数据的过程，如今可以自动完成，这显著降低了性能化分析的周期，提高了设计质量，同时也使设计公司能够为业主提供更专业的服务。

10.2.8 工程量统计

工程量统计在二维图样时代，在 CAD 平台基础上是无法存储可以让计算机自动计算工程项目构件的必要信息的。传统的统计方法就是：依靠人工根据设计图样和配套的比例尺进行测量和统计，最后汇总形成项目工程量清单。在这样的模式下，不仅需要消耗大量的人工，而且比较容易出现偏差，甚至出现错误。

随着科学技术的发展，造价软件的出现改变了上述统计方法，造价软件需要将设计图样根据软件要求进行建模，然后由计算机自动进行统计。在这种模式下，需要不断地根据调整后的设计方案及时更新模型，才能保证准确性，如果出现信息不畅或滞后，那么得到的工程量往往偏差非常大。

BIM 技术的出现，显著改善了提取工程量的方法。借助 BIM 技术搭建的模型本质上就是一个大型数据库，这个数据库以可视化的形式展示出来。模型本身就是由各个构件构成，每个族实例化后形成的构件都含有足够的信息，而且每个构件都是真实的产品，这样就可以真实地提供造价管理需要的工程量信息。借助这些信息，计算机可以快速地对各种构件进行统计分析，显著减少了繁琐的人工数据输入操作和潜在的错误，可较好地实现工程量信息与设计方案的完全一致。

通过 BIM 技术搭建的模型所获得的准确的工程量可以用于前期设计过程中的成本估算、在业主预算范围内不同设计方案的探索或者不同设计方案建造成本的比较，以及施工开始前的工程量预算和施工完成后的工程量决算，可在整个项目全流程过程中提供一个有效的参考工程量，以供决策者或者成本部门（预算部门）参考使用。

10. 2. 9　机电管线综合

随着建筑物规模和使用功能复杂程度的增加，机电系统越来越复杂，管线错综复杂，人们对于空间的利用越来越重视，所以管线综合在实际施工过程中起到举足轻重的作用，设计单位、施工单位以及建设方对机电管线综合的要求越来越高。

在二维图样的机电管线综合时代，在设计单位内部以建筑专业为龙头，在各专业施工图设计完成后，各专业设计师要聚在一起对核心管线进行一次大概比对，从中校核主管线的可靠性和碰撞情况，根据碰撞情况对管线进行适当的调整。由于二维图样的信息量有限以及缺乏直观的交流平台，导致管线综合成为项目施工前让业主十分担心的技术环节。所以，传统的做法就是在施工之前，项目参与方组织专业的深化设计团队对原设计的图样进行一次详细的深化，挖掘问题，调整设计过程中出现的错误、不合理、漏掉的地方；更加完善图样质量，以达到施工条件，减少施工过程中出现的问题。

利用 BIM 技术搭建各专业的三维模型，从设计到施工，设计师能够在虚拟的三维环境下方便地发现设计中的碰撞冲突，极大地提高了管线综合的准确性和工作效率。这不仅能及时排除项目施工环节中可以遇到的碰撞、冲突，而且减少了变更的数量，优化了施工现场的生产效率，有效解决了由于施工协调不当造成的成本增长和工期延误问题。

10. 2. 10　施工进度模拟

施工进度模拟是一个体现施工组织和施工工艺的过程，给观看者一个直观、清晰的表现形式。随着 BIM 技术的出现，极大地弥补了项目管理中存在的问题和不足，通过将 BIM 模型与施工进度计划相关联（实际上就是将空间信息与时间信息整合在一个可视的 4D 管理平台中），可以直观、精确地反映整个建筑的施工过程。经过反复推敲并结合施工现场实际情况，施工模拟技术可以在项目建造过程中合理制订施工总控计划、实时准确掌握施工进度，优化整合施工资源、合理进行场地布置，对整个工程的施工进度、资源和质量进行统一管控，以缩短工期、降低成本、提高管理水平。

借助施工模拟技术，施工企业在工程项目投标中将获得竞标优势，BIM 可以协助评标专家通过施工模拟的直观展示，很快了解投标单位对投标项目主要施工的控制方法、施工安排、总体计划等信息，从而对投标单位的施工经验和实力作出有效、客观的综合评估。

10.2.11 施工组织模拟

施工组织类似施工单位的施工大纲，是统领整个施工过程的大纲，模拟施工组织对项目施工活动的科学管理非常重要。传统的施工组织仅仅停留在纸质形式或者做一些漫画展示，基本停留在二次元的层面上。而 BIM 技术可以对项目中复杂、重点或难点的工艺部分或者方案进行模拟，并可对重要的施工环节或采用新工艺的部位，以及施工现场平面布置等进行模拟和分析，以提高这些方案或者工艺的可行性；也可以利用 BIM 技术结合施工组织计划进行预演，以提高复杂建筑体系的可造性。

借助 BIM 技术对施工组织的模拟，各参建人员能非常直观地了解整个施工安装环节的时间节点和安装工序，并掌握安装过程中的难点和要点。

10.2.12 数字化建造

BIM 技术结合装配式数字化建造，极大地提高了现场施工的安装效率：

1）通过 BIM 模型与装配式数字化建造系统的结合，实现建筑施工流程的自动化、智能化。建筑中的许多构件经过深化设计可以提前在工厂预制加工完成，再根据构件编码系统有序运输到项目施工现场，在现场进行装配（例如门窗、预制混凝土结构和钢结构等构件）。

2）装配式施工大幅度提高了构件制造的生产效率，使得整个项目施工的工期缩短，并且容易协调和进行成本控制。

3）共享的 BIM 模型在预制制造环节成为制造商与设计人员之间沟通的桥梁，与参与竞标的制造商共享构件模型也有助于缩短招标周期，便于制造商根据设计要求的构件用量编制更为统一的投标文件。同时，标准化构件之间的协调也有助于减少施工现场问题的发生，有助于降低建造、安装成本。

10.2.13 物料跟踪系统

随着建筑行业标准化、工厂化、数字化水平的提升，以及建筑使用设备复杂性的提高，越来越多的设备、构件通过工厂加工并运送到施工现场进行组装。而这些设备、构件是否能够及时运到现场，是否满足设计要求，质量是否合格，将成为整个施工建造过程中影响施工计划关键路径的重要环节。在 BIM 出现以前，建筑行业往往借助较为成熟的物流行业的管理经验及技术方案（例如 RFID 无线射频识别电子标签），通过 RFID 可以把建筑物内的各个设备、构件贴上标签，以实现对这些物体的跟踪管理。但是，RFID 本身无法进一步获取物体更详细的信息（如生产日期、生产厂家、构件尺寸等），而 BIM 模型则详细记录了建筑物及构件和设备的所有信息。此外，BIM 模型作为一个建筑物的多维度数据库，并不擅长记录各种构件的状态信息，而基于 RFID 技术的物流管理信息系统对物体的过程信息有着非常好的数据库记录和管理功能，这样 BIM 与 RFID 正好互补，从而可以解决建筑行业对日益增长的物料跟踪需求带来的管理压力。

10.2.14 施工现场配合

BIM 不仅集成了建筑物的完整信息，同时还提供了一个三维的交流环境，与传统模式下项目

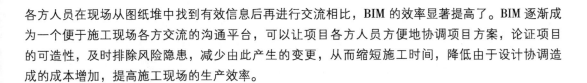

各方人员在现场从图纸堆中找到有效信息后再进行交流相比，BIM 的效率显著提高了。BIM 逐渐成为一个便于施工现场各方交流的沟通平台，可以让项目各方人员方便地协调项目方案，论证项目的可造性，及时排除风险隐患，减少由此产生的变更，从而缩短施工时间，降低由于设计协调造成的成本增加，提高施工现场的生产效率。

10.2.15 竣工模型交付

建筑作为一个系统，当完成建造过程准备投入使用时，首先需要对建筑进行必要的测试和调整，以确保它可以按照当初的设计来运营。在项目完成后的移交环节，物业管理部门需要得到的不只是常规的设计图纸、竣工图纸，还需要能正确反映真实的设备状态、材料安装使用情况等与运营维护相关的文档和资料。BIM 能将建筑物空间信息和设备参数信息有机地整合起来，从而为业主获取完整的建筑物全局信息提供途径。通过 BIM 与施工过程记录信息的关联，甚至能够实现包括隐蔽工程资料在内的竣工信息集成，不仅为后续的物业管理带来便利，并且可以在未来进行翻新、改造、扩建过程中为业主及项目团队提供有效的历史信息。

10.2.16 建筑系统分析

建筑系统分析是指对照业主使用需求及设计规范来衡量建筑物性能的过程，包括：
1）结构部分，包括基础、主体、二次结构等。
2）装饰部分，包括外墙、屋顶的造型，内墙、地面、窗台的装饰等。
3）门窗部分，包括普通门、消防门、疏散门、外窗、内窗、采光窗、通风窗等。
4）防水系统，包括地下防水、屋面防水、卫生间防水、厨房防水、临边防水等。
5）保温系统，包括屋面保温、外墙保温、水暖、地暖等。
6）上下水及消防管道，以及其他管道，如通风换气管道等。
7）电气系统、智能建筑（电视、宽带、电话等）等。

BIM 结合专业的建筑系统分析软件可避免重复建模和重复采集系统参数，通过性能分析软件可以验证建筑物是否按照特定的设计规范和可持续标准建造，根据分析结果对后期指导修改可起到一定效果。

10.2.17 应急模拟

把 BIM 技术和灾害分析模拟软件相结合，真实地模拟灾害发生的全过程，通过数据分析灾害发生的原因，并制定相应的避免灾害发生的措施，以及发生灾害后人员疏散、救援的应急预案。当灾害发生后，通过 BIM + GIS 技术，可有效地提供救援人员紧急状况点的精确定位和该地点的各项完整信息，这将有效提高对突发状况的应对水平。

通过 BIM 技术和楼宇自动化系统的结合，能及时获取建筑物及设备的状态信息，能清晰地呈现出建筑物内部紧急状况的位置，以及抵达紧急状况点最合适的路线，使救援人员做到心中有数，可以由此作出正确的现场判断、处置，提高应急行动的效率。

课 后 习 题

一、单项选择题

1. 设施设备族库按照设施设备族分类建立文件夹，并保存相应的族文件，所有的族文件成果需按（　　）放置。

 A. 类型   B. 分类   C. 名称   D. ID 号

2. BIM 文件包括（　　），是项目设计文件的一部分。

 A. BIM 模型文件

 B. BIM 成果文件

 C. BIM 模型文件和 BIM 成果文件

 D. 项目族文件和其他的项目文件

3. 所有视图的分析模型选项卡中，（　　）"在此视图中显示分析模型类别"。

 A. 勾选

 B. 不勾选

二、多项选择题

1. 族创建的初步设置（　　）。

 A. 选择合适的族样板并定义族类别

 B. 定义插入点，并锁定插入点的参照平面

 C. 布局参照线和参照平面

 D. 预设族类型和族参数

 E. 添加尺寸标注并与参数相关联，要选择合适的参照线或参照平面的标注尺寸，并与相应的几何参数相关联

2. 族在创建完成后进行交付时，应提供使用说明书（PDF 格式），说明书应包括的内容有（　　）。

 A. 族文件的版本号

 B. 族类别、族类型的介绍

 C. 族主要类型参数、实例参数和共享参数的涵义描述

 D. 族在项目文件中的放置过程描述

 E. 族控件的功能描述

3. 企业 BIM 项目经理的岗位职责有（　　）。

 A. 负责协调、把控整个项目的 BIM 设计工作的开展

 B. 负责控制整个项目 BIM 模型的建立过程，确保技术路线，统一技术规范，并且在模型提交前进行审核

 C. 负责 BIM 成果的审核，并向甲方提交 BIM 成果报告；及时阐述 BIM 在各环节中的最新应用价值和实施、操作方式

 D. 辅助甲方定期召开基于 BIM 报告的工作协调会（或将 BIM 报告成果纳入工作例会），并作 BIM 相关汇报；对突发事件及时做出反应

 E. 负责各专业的 BIM 建模工作

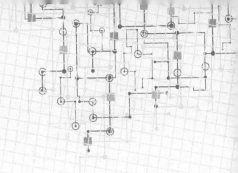

第 11 章　BIM 应用理念

BIM 应用是一种全新的理念，提高了 BIM 技术的应用范围和深度，放大了 BIM 在生产过程中带来的经济效益。BIM 应用理念如下：

1. 维度的提高，直观地表达设计意图

设计师在传统模式下的二维设计，实际上是把三维的东西置于二维的空间中进行设计，二维空间在思维、理解方面具有一定的限制性，达不到直观性，而且数据有限且有丢失，这样的结果不能很好地表达设计师的真实意图。BIM 所在的三维空间能够清晰地表达设计意图，并反映设计过程中存在的各类问题。越是复杂的问题，BIM 的处理效果越为明显。BIM 技术的出现，真正实现了在三维空间中处理三维问题。

2. 具有模拟性、分析性

BIM 具有的模拟性和分析性，在设计阶段可以对设计成果进行直接观察，实现"所见即所得"，设计师通过直接观察，可对设计成果进行反复推敲、分析、比较，对设计方案进行合理优化，使设计成果的质量达到一个很高的水准。另外，BIM 具有的模拟性和分析性，可预知设计过程中的问题，提前消除设计过程中不合理的地方，极大地提高了设计质量，为工程建设后续工作的顺利进行提供了有力的保障。

3. 可精确计算工程量

在传统的设计模式下，设计的工程量是通过设计人员的估算和经验得来的，如果后期出现大量的修改和调整，估算结果和实际产生的工程量之间会存在较大的差异。而在 BIM 的设计模式下，每一个场景对象的数据非常精准，在此基础上可以对工程量进行精确计算和统计，且都是由计算机自动完成，减少了人工参与，从而显著降低了偏差。

4. 提高设计团队的协同设计能力

随着科学技术的不断发展和人们生活水平的提高，工程项目的体量越来越大，要求越来越高，系统越来越复杂。在高要求、大体量、复杂化的系统设计过程中，对于设计师的要求也显著提高，要求设计师重视设计细节，对每一个设计环节都要严格要求。在这种情况下，协同作业就显得尤为重要，但在传统的以二维为主的设计过程中，是很难满足协同要求的。BIM 技术的出现，极大地发挥了在设计过程中的协同优势，很好地解决了内部之间、专业之间、内部与外部之间的协同问题，极大地提高了设计效率，进而显著提高了设计质量。

课 后 习 题

一、单项选择题

1. BIM 是一种技术、一种（　　）、一种过程，它既包括建筑全生命周期的信息模型，同时又包括建筑工程管理行为的模型。

A. 方法　　　　　B. 族库　　　　　C. 软件　　　　　D. 效果

2. 下列选项不属于 BIM 技术在设计阶段的应用的是（　　）。

A. 可视化设计交流

B. 安全管理

C. 协同设计与冲突检查

D. 施工图生成

3. BIM 技术的出现，极大地发挥了设计过程中的（　　）。

A. 协同优势

B. 模拟优势

C. 三维设计优势

D. 可出图优势

二、多项选择题

下列选项属于 BIM 技术的特点的是（　　）。

A. 可视化　　　B. 参数化　　　C. 分析性　　　D. 仿真性　　　E. 模拟性

第四部分　施工方的 BIM 项目经理

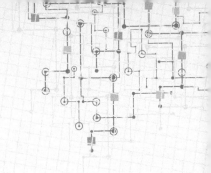

第 12 章　概述

第 1 节　施工企业 BIM 应用概述

12.1.1　技术管理

1. 图样与模型

传统非 BIM 模式的技术管理是通过图样进行交流管理的。二维图样是设计师依据专业知识及制图标准将头脑中的三维模型经过二维化转换得到的，而现场的工程师同样需要依据相关专业知识将平面的二维图样转换成头脑中的三维建筑，然后通过施工将其建造出来。在这两次转换之中难免会出现差错。在 BIM 模式下，设计师头脑中的三维模型可以直接通过 BIM 软件将其表现出来；现场的工程师将 BIM 模型深化拆分后进行施工，这样就减少了二维模型与三维模型的转换过程，杜绝了由于模型转换造成的错误。

2. 现场工艺的交底

传统的施工工艺交底是采用文字版的技术方案进行讲解式的交底，施工员及工人的学习成本较高。在 BIM 模式下，大部分的施工工艺既可以通过三维模型进行展示，还可以通过动画、可交互的程序进行交底，极大地方便了施工员及工人学习。

3. 工程重难点部位

工程重难点部位的施工在传统的方式下是通过现场技术人员或者有经验的工人，根据平面图及大样图自己绘制平面详图与剖面详图，用于指导施工。而在 BIM 模式下，BIM 工程师会提前将图样上的重难点位置通过三维模式进行展示，以保障施工质量。

4. 机电施工

在传统模式下，机电施工在前期的预留预埋阶段会根据图样将洞口或管线预埋好；但是到了安装阶段，由于之前没有考虑管线安装的净高问题，或是洞口的位置不满足要求等，这就需要重新剔凿。而且，在安装阶段，机电管线的重叠部分很可能是在通风专业安装完之后，电气专业在安装桥架的时候就已经超过净高要求了，只能把风管拆了重新安装，这样就造成了大量的返工。而在 BIM 模式下，BIM 工程师会提前将机电管线优化好，保证整体净高的要求，同时会在顶板上预制吊点。然后在安装阶段，机电管线也会通过预制加工的方式提前加工完，到现场之后工人在地面整体组装完成后再整体起吊进行安装，这样可有效保证施工质量。

12.1.2　工程管理

BIM 模式在工程管理中的最大作用不是"M"代表的模型，而是"I"代表的信息。在工程管理中，BIM 模式的管理变革主要是一种信息化应用的变革。

1. 信息管理

信息管理目前最大的问题就是信息的阻塞不流通，商务部门可能不知道现场施工到了什么进度；物资部门的采购可能不能满足现场施工需求；业主或者政府部门过来检查资料，但是工程资料查可能找不到等。导致这些问题的主要原因是信息技术的运用十分落后。在 BIM 模式下，依托于信息模型的各种专业平台打破了这种信息阻塞。比如现场的工长只需要在手机 APP 上确认需要打灰的部位，搅拌站就会自动送来相应型号的混凝土，实验室、资料等部门将相应的资料与其挂接上，商务部门也会将商务资料挂接上去，业主或者政府部门也能同步查看；同时，工程师去现场查看构件时，这个构件的属性及相关规范标准就会在工程师的手机上自动弹出。而且到了后期进行维护的时候，只要在手机 APP 上选择相应的位置，一切资料都会显示。

2. 现场管理

传统模式下，每周的生产例会上会根据分包上个星期的施工部位进行专题点评，并对下个星期的任务进行相关部署，但是缺乏一些信息化的技术手段对工程上的一些问题进行整理和统计。在 BIM 的信息化模式下，现场的工长、安全员、质检员可对现场施工的质量、安全问题或关键节点位置进行拍照，并填写问题数据上传至云端，这时该位置的分包负责人就会接收到该问题的信息推送。如果问题严重，商务部门也会据此对该分包单位进行相应处罚。

综上所述，BIM 模式带来的最大挑战就是信息化应用带来的挑战，施工现场可能会出现各种各样的 BIM 软件、平台软件需要项目管理人员去学习和应用。

12.1.3　商务管理

1. 投标阶段

做过投标的朋友都知道投标是很累的，为什么呢？因为时间紧任务重，要加班加点地核对清单、算量报价，还需要一个有经验的商务负责人进行整体把控，检查这个项目是否盈利等。而在 BIM 的信息化模式下则会是另一种情景：

1）拿到招标图样之后（如果甲方采用 BIM 招标，那完全是另一种方式，不在本书讨论之列），BIM 团队进行快速建模，生成清单并找出清单不合理的地方，提早汇报以减少争议，预判增加的施工内容，合理进行施工组织等。

2）在投标前进行算量，以保证标价合理和组织不平衡报价，这样既满足中标的需求，又满足后期利润空间的需求，且不被业主方反制。如图 12-1 所示的 BIM 技术下的不平衡报价，通过合理配置资金，最大限度地节约资金成本。

3）对场地布置进行临建三维模型绘制，一键提取临建需要的水、电、活动板房及临时道路等的工程量，解决了传统手算工程量无法追踪的问题，方便商务人员后期的对量等工作。

2. 过程管理

BIM 在过程管理中的应用如下：

1）通过 BIM 对施工方案进行 4D 模拟，可以更直观、形象地判断机械设备、劳动力、材料、资料等的安排是否合理，据此制订优化的施工方案。

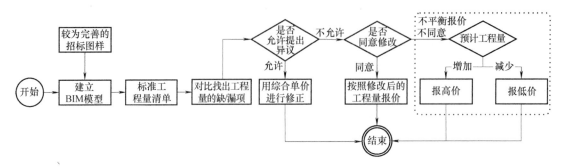

图 12-1　BIM 技术下的不平衡报价

2）提取 BIM 模型中的劳务、材料、专业分包等工程量数据制定目标成本，定期录入实际成本作为动态成本，从而进行对比及进一步控制成本。

3）通过目标成本与实际产生成本的对比找出超出计划的原因，在后续工作中进行更进一步的成本管控。

4）过程管理中各种材料的管控的整体情况是类似的，都是通过 BIM 模型出量进行整体控制，并对细部节点的位置进行深化，从而进行精度控制。

3. 竣工阶段应用

BIM 在竣工阶段的应用如下：

1）资料处理：项目的技术、资料、施工等人员将变更、签证等资料上传到云端。

2）数据分析：施工单位商务造价工程师将处理好的工程量、物资采购价格分析传至云端。

3）结算应用：施工单位商务造价工程师仅需利用 BIM 5D + 云端数据即可进行竣工结算的数据整合，然后汇总编制结算书并上报。

4）系统通过云端自动归集各类原始数据，自动形成混凝土、钢筋等资源消耗量指标，得到此类工程的商务指标大数据，以便施工方在后期项目开发中参考类似工程数据，提高中标概率。

第 2 节　施工方 BIM 工作流程

施工方 BIM 项目经理在进行施工 BIM 工作时主要考虑四个方面问题：软（硬）件配置、团队组建、规章制度以及试点项目，具体内容及流程可参考图 12-2 所示。

12.2.1 软（硬）件配置

1. 软件

BIM 技术是依赖多款软件协同的技术，因此 BIM 项目经理企业在实施 BIM 技术之前一定要先选择适合自己企业情况的软件。

BIM 项目经理在选择软件时应该主要考虑如下三个方面：

1）考虑本企业的业务需求，依据企业的自身情况进行选择。

2）考虑软件的普及情况，因为某些软件虽然小而美，但由于缺乏必要的程序接口，与其他单位合作也是需要慎重考虑的。

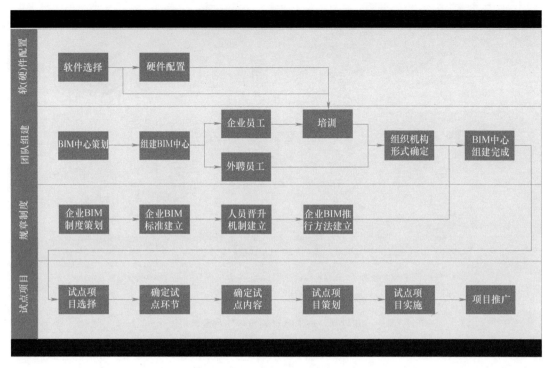

图 12-2 某施工企业 BIM 流程图

3) 考虑本企业应用 BIM 的范围,如技术应用、商务应用、信息化管理应用、进度应用等。

2. 硬件

有了符合要求的软件之后就要依据软件的要求进行硬件的选择。在进行硬件选择之前,应以多款软件协同工作中的不同需要进行分别选择,这样有利于资源的最大化利用。BIM 项目经理在选择硬件时应考虑 BIM 人员协同工作的方式以及 BIM 团队的工作流程情况 (图 12-3),并注意以下事项:

1) 项目部采购相应的 BIM 工作站和移动工作站用于模型建立及相关技术应用。

2) 配置项目级服务器用于项目文件协同与备份。

3) 依据项目本身 BIM 技术应用的具体内容采购相应的平板电脑或其他移动设备。

4) 设置 iRoom 会议室 (信息化房间),通过与项目服务器相连可以清楚地了解项目相关情况。

5) 与企业内部数据库相连,协同及备份相关项目数据。

12.2.2 BIM 团队组建

目前,施工企业的 BIM 团队主要分为三种形式:

1) 外聘 BIM 团队,这种形式适合自身没有 BIM 团队的施工企业。

2) 各项目部依据需求自行组建或培养 BIM 团队。这种形式一般是项目员工自学 BIM 技术,然后针对项目自身的问题进行研究解决。有些项目由于业主要求高,需要一个资深 BIM 团队来提供整体解决方案,这种情况多为项目自行招聘 BIM 工程师,临时组建 BIM 团队。但无论何种形式,这种情况下的项目级 BIM 应用多具有临时、分散的特点,不利于企业 BIM 技术的长期发展。

3) 组建 BIM 中心这种形式是企业实施 BIM 的必由路线,也是企业进行数字化信息管理的必经

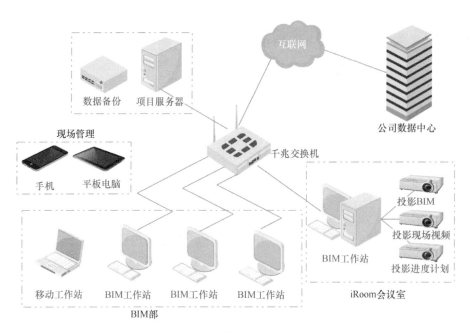

图 12-3　施工单位协同工作示意图

之路。BIM 的最终目标为全员 BIM 化，助力企业实行信息化、精细化管理。但在全员 BIM 化之前，需要有一个专职的部门来进行 BIM 技术推广和 BIM 技术实施，其建议配置如图 12-4 所示。

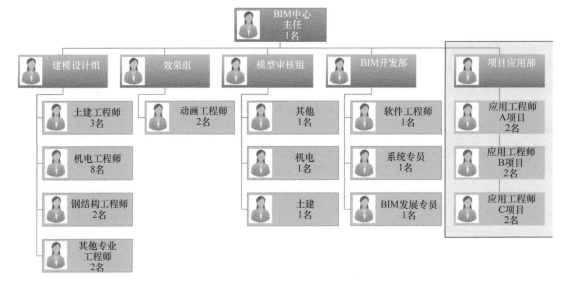

图 12-4　BIM 中心架构图

BIM 中心的人员组成如下：

① 主任：也就是部门经理，负责整个部门的管理工作。

② 建模设计组：主要负责模型的建立及模型优化，一般按需求分为不同的专业小组。

③ 效果组：主要负责动画渲染、动画制作等工作。

④ 模型审核组：由企业资深工程师组成，负责模型的审核工作。

⑤ BIM 开发部：负责企业软件开发、BIM 平台系统维护以及 BIM 培训等相关工作。

⑥ 项目应用部：由资深 BIM 专家组成，负责收集项目对 BIM 的需求，然后转化为 BIM 工作任

务交由建模设计组完成，之后收集资料指导项目对 BIM 的应用。

BIM 中心的工作流程如下：

① 项目应用部人员收集项目对 BIM 的需求，通过整合形成具体的 BIM 任务，如地下室部位机电管线深化、预应力可视化交底、施工模拟等。

② 依据任务单进行模型建立。

③ 审查模型。

④ 依据任务单完成相应的 BIM 工作。

⑤ 最后由应用工程师对项目进行工作交底。

12.2.3 规章制度

身为 BIM 项目经理应与技术部门负责人员共同制定 BIM 中心的部门规章制度，且应充分考虑企业整体情况，依据法律法规制定合理的部门规章制度。部门规章制度主要考虑保密原则和岗位职责等。

1. 保密原则

由于 BIM 包含大量的企业内部信息，如造价信息、模型信息、编码体系等，因此需要规定员工的保密原则。这部分内容应通过合同、部门规章制度、处罚条款等进行落实。

2. 岗位职责

下面介绍某项目 BIM 中心各成员的岗位职责：

（1）建模设计组

1）土建专业工程师：负责土建模型建模工作，负责协助 BIM 项目经理或项目协调员完成相应工作，是土建模型的负责人。

2）机电专业工程师：负责机电模型建模工作，负责协助 BIM 项目经理或项目协调员完成相应工作，是机电模型的负责人。

3）钢结构专业工程师：负责钢结构模型建模工作，负责协助 BIM 项目经理或项目协调员完成相应工作，是钢结构模型的负责人。

4）助理建模员：负责协助专业工程师完成相应的模型建立工作。

（2）模型审核组

1）土建专业审核工程师：负责土建模型审核，是土建模型第一负责人。

2）机电专业审核工程师：负责机电模型审核，是机电模型第一负责人。

3）钢结构专业审核工程师：负责钢结构模型审核，是钢结构模型第一负责人。

（3）项目应用部

1）动画工程师：负责可视化交底制作、项目模型展示工作、项目 VR 展示工作，配合 BIM 项目经理进行现场 BIM 技术应用指导。

2）商务工程师：负责项目工程量计算，配合商务部门进行商务应用，配合 BIM 项目经理进行现场 BIM 商务应用指导。

3）进度工程师：负责项目进度优化，配合进度管理部门进行进度应用，配合 BIM 项目经理进行现场 BIM 进度应用指导。

（4）BIM 开发部

1）平台运维工程师：负责 BIM 平台的运营及维护、BIM 平台的培训。

2）软件开发工程师：配合其他组人员进行需求收集，负责进行 BIM 类软件的二次开发以及二次开发软件的培训及维护工作。

（5）BIM 中心主任（BIM 项目经理）

BIM 项目经理负责项目的 BIM 实施，协调项目各部门收集项目的 BIM 需求，组织 BIM 工程师完成 BIM 需求，负责协调设计方、建设方的 BIM 需求。

12.2.4　试点项目

试点项目为公司实施 BIM 的实验性项目，试点项目应选择能代表本企业普遍性的项目，试点内容为项目可控的相关内容和专业。这里举一个反例：某企业为土建施工企业，主要以总承包加土建施工为主，机电施工采用分包的形式。本企业采用 BIM 技术之后将某医院项目作为 BIM 试点项目，主要试点内容为机电深化。但机电分包为甲指分包（甲方指定分包），最后试点情况不理想，企业解散 BIM 团队。其主要原因为机电分包不配合施工总包 BIM 部门的实施，且机电深化的应用反而增加了项目的成本，减少了由变更带来的利润。

确定好试点项目之后，要依据 BIM 团队能力进行项目整体策划，实施建议为小步快跑的形式，切忌贪大贪全。试点某项目，应进行本项目的全面对比，如实施 BIM 出量应用，应充分考虑 BIM 工程量、算量软件工程量、手算工程量、现场工程量等诸多信息，然后进行整体数据分析，确定 BIM 出量的可行性，以及模型的建模要求。在这项应用完成后或者在整个项目完成后，将其加以整理，形成企业的组织过程资产，变为企业经验，然后再进行企业其他项目的推广。

第 3 节　施工方 BIM 项目经理的主要工作范围

施工方 BIM 项目经理的主要工作范围包括如下 4 个阶段：

12.3.1　招投标阶段

施工方 BIM 项目经理在招投标阶段的主要工作内容为配合投标团队进行 BIM 投标，主要工作内容为：

1）组织 BIM 团队成员进行模型建立。
2）协同 BIM 团队成员与投标团队成员进行商务应用。
3）协同 BIM 团队成员与投标团队成员进行技术应用。
4）配合投标团队成员进行开标现场答辩。

12.3.2　施工准备阶段

施工方 BIM 项目经理在施工准备阶段的主要工作内容为依据项目需求进行项目整体实施策划，包括项目模型标准、配色要求、整体协同要求等。

12.3.3　实施阶段

施工方 BIM 项目经理在实施阶段的主要工作为：

1）组织团队成员进行模型建立及协同。

2）协调 BIM 团队与施工团队之间的工作对接。

3）配合施工团队进行 BIM 实施。

12.3.4　收尾阶段

收尾阶段是很多项目经理忽视掉的阶段，尤其是 BIM 项目经理。收尾阶段是整个项目实施过程中的收尾及总结，此阶段施工方 BIM 项目经理的主要工作内容为：

1）依据本项目经验继续优化企业相关 BIM 标准。

2）依据本项目经验总结组织过程资产及其他相关知识体系。

3）复盘整个项目实施过程，制作相关资料进行项目报奖及创优应用。

课 后 习 题

单项选择题

1. 关于施工企业 BIM 技术管理说法错误的是（　　）。

A. BIM 不仅仅是模型，更是一种新技术

B. 可视化交底仅能通过动画的方式进行展示

C. BIM 工程师可以提前将图样上的重难点位置通过三维模式进行展示，以保障施工质量

D. BIM 工程师可以提前将机电管线优化好，以保证整体净高的要求

2. BIM 模式在工程管理上的最大作用不是"M"模型，而是"I"信息。下列关于工程管理上 BIM 模式管理变革说法错误的是（　　）。

A. 信息管理目前最大的问题就是信息的阻塞不流通，其中最主要的问题是由于信息技术的运用落后导致的

B. 在 BIM 模式下，依托于信息模型的各专业软件平台将会出现，打破目前的信息阻塞

C. 运用信息化技术手段，可以对工程上的一些问题进行整理统计

D. BIM 信息化模式下，现场的工长、安全员、质检员可对现场施工的质量、安全或关键节点位置进行拍照，填写问题数据，然后上传至云端

3. 关于商务应用下列说法错误的是（　　）。

A. 通过 4D 模拟，可以更直观、形象地判断机械设备、劳动力配备、材料资料安排等是否合理，制订出较优的施工方案

B. 提取 BIM 模型中的劳务、材料、专业分包等工程量数据制定目标成本，定期录入实际成本作为动态成本，从而进行对比及用于进一步控制成本

C. 通过目标成本与实际产生成本对比，找出超出计划的原因，在后续工作中进行更进一步的成本管控

D. 过程中各种材料管控的整体情况类似，无须通过 BIM 模型出量进行整体控制

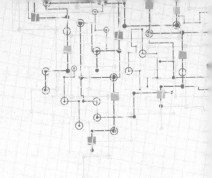

第 13 章　整体管理

第 1 节　概　　述

随着 BIM 技术的发展，各施工企业在管理工作过程中积累了一定的经验，但在面对分包众多、交叉作业面复杂、协调工作量大、工期要求紧、质量安全定位高的项目时，仍然会遇到考虑不周全、信息传递不畅、管理不到位等问题，造成浪费及工期拖延。为应对现实工作中的挑战与机遇，BIM 技术作为现代化管理信息技术的基石不断被企业所重视，整体管理应运而生。BIM 技术在施工中的应用主要分为五大部分：整体管理、技术应用、商务应用、进度应用及现场管理应用，本章进行整体管理内容的介绍。

第 2 节　投 标 应 用

投标阶段的 BIM 应用主要以辅助投标团队为主，主要内容包括如下几方面：

13. 2. 1　技术应用

1. 模型建立
进行整个项目的模型建立，建议采用翻模软件的方式进行快模建立（相对于标准模型而言，快模仅要求模型建立速度，其次是商务扣减，最后才是模型深化），为之后的商务应用提供基础。

2. 场地模型
场地模型应包括多个阶段的场地模型，如临建及土方施工阶段、地下室施工阶段、主体施工阶段、安装阶段、小市政阶段。场地模型应包括场地临建（办公室、住宅区、临水、临电等内容）、机械设备、场内道路等信息。

3. 项目节点样例
项目节点样例主要体现项目团队的施工工艺情况，如机房模型优化、关键优化等内容。

4. 工艺模拟

工艺模拟主要体现某项具体工艺的技术细节，一般通过动画方式进行展示。

13.2.2　商务应用

1）标准清单量核对：通过快模出具本项目的模型工程量清单，并与招标清单进行比对，找出招标清单的缺漏项。

2）不平衡报价：依据核对后的缺漏项信息进行不平衡报价指导（不平衡报价仅用于部分场合）。

3）资金成本分析：对项目模型添加施工及进度信息，这类信息为进行整个项目的资金成本分析提供依据。

13.2.3　进度应用

进度应用主要是进行进度模拟，主要通过进度模型展示本项目施工过程中的整体进度信息，直观地表达己方的技术实力。

第3节　项目策划

要在项目中成功应用 BIM 技术，为项目带来实际效益，项目团队应该事先制订详细而全面的策划方案，如果应用经验不足或者策划不完善很可能导致事倍而功半。

在项目的 BIM 策划中应当注意以下内容：项目管理要求、技术协作要求、BIM 整体实施流程。

13.3.1　项目管理要求

项目管理要求如下：

1）项目信息：明确本项目的基础信息情况。

2）项目实施范围：BIM 项目的实施范围应以项目合同或者项目相关方的具体需求为主。项目实施范围主要包括具体的应用内容、依据应用内容决定的模型深度等。

3）团队组织架构：依据项目实施范围决定团队组织架构及组织形式。小范围的应用应以企业 BIM 中心为主，通过应用工程师进行现场指导、应用；重大项目应建立专业的 BIM 部门进行 BIM 应用。

4）进度计划：进度计划应当涉及项目相关方具体的里程碑节点，包括图样完善时间、各专业模型的建立时间、碰撞报告时间、优化时间、应用点时间等。

13.3.2 技术协作要求

技术协作要求应包含如下内容:

1) 软件系统要求:软件版本、文件格式。

2) 硬件配置要求:移动工作站、台式机、平板电脑、智能手机、3D 扫描仪等。

3) 建模标准要求:命名规则、构件设置、模型配色、模型拆分、模型整合、坐标系统。

4) 文件结构要求:文件命名。

5) 协作方式:对内协同、对外协同。

6) 模型应用要求:技术应用、商务应用、进度应用。

其他技术协作要求还有模型交付要求、应用点交付方式等。技术协作流程一般包括与业主方的协作流程、与设计方的协作流程、与分包方的协作流程等。

13.3.3 BIM 整体实施流程

BIM 应用的整体实施应以项目应用的目标为导向,以项目需求为原点整体考量。要明确项目的具体实施范围,对项目的实施范围进行分解、优化,然后制定符合要求的 BIM 整体实施流程。BIM 技术在商务应用中的流程如图 13-1 所示。除了具体某项应用外,也可以考虑软件流程,如以 Revit 加广联达为基础可以考虑如图 13-2 所示的软件流程。

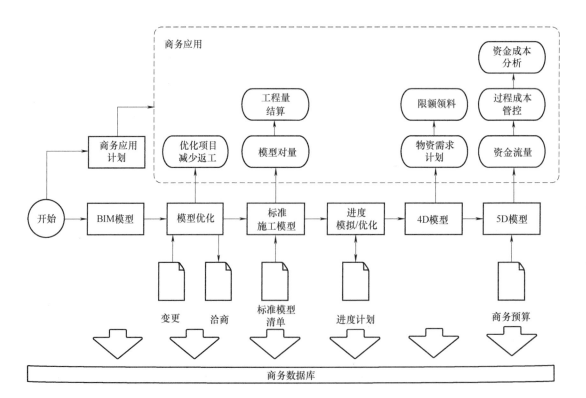

图 13-1 BIM 技术在商务应用中的流程

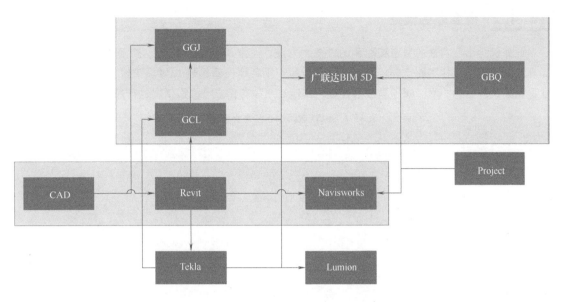

图 13-2　以 Revit 加广联达为基础的软件流程

第4节　建 模 标 准

13.4.1　模型建模的规则

针对模型建模的过程，对项目基点、定位、方位、模型单位、坐标系统及高程系统进行说明及明确要求，项目中所有的模型应使用统一的单位与度量制，即使用统一的模型建模规则。

（1）项目基点和定位

1）项目基点：根据项目约定，选取项目建筑平面对应的左下角（Ⓐ轴和①轴的交点）作为项目基点。

2）定位：建立工程项目统一轴网、标高的基础文件。

（2）方位

模型方位与建筑平面图方位应一致。当模型方位与建筑平面图方位不一致时，如以 Revit 作为模型构建工具，在整合模型中需要保存共享坐标；若以 AutoCAD 平台或其他类似平台构建模型时，需提供所有参照文件对应的插入点坐标值（x, y, z）和旋转角度。

（3）模型单位

1）项目中所有的模型应使用统一的单位与度量制。项目默认的单位为毫米（带两位小数），用于显示临时尺寸精度；标注尺寸样式的单位也是默认为毫米，但是带零位小数，因此临时尺寸显示为 3000.00（项目设置），而尺寸标注则显示为 3000（尺寸样式）。

2）二维输入/输出文件应遵循为特定类型的工程图样规定的单位与度量制：1DWG 单位 = 1 米时，用于与项目坐标系相关的场地、市政模型、景观模型和室外管线等；1DWG 单位 = 1 毫米时，用于图元、详图、剖面图、立面图和建筑结构轮廓等。

13.4.2 模型命名规则

此处仅给出示意性的命名和配色的方式、方法，企业和项目团队可以根据各自情况细化形成完善的命名规则，并不断完善。BIM 数据中心各专业名称代码见表 13-1。传统 BIM 专业里的全专业是指建筑、结构、水、暖、电五大专业，其他专业如有需求可根据情况进行添加。

表 13-1　BIM 数据中心各专业名称代码

专业（中文）	代　码
建筑	A
结构	S
暖通	M
电气	E
给排水	P

1. 模型文件命名

模型文件分为项目模型文件、整合模型文件以及定位文件，各模型文件命名用 3 字段来表示，字段之间用 "-" 隔开，每个字段不限长度，具体表示为：

专业代码-楼层代码. 文件名

其中，BIM 数据中心楼层代码见表 13-2。

表 13-2　BIM 数据中心楼层代码

楼　　层	编　　码
地上一层	F01
地上二层	F02
地下一层	B01
地下二层	B02
夹层	ME
屋顶	RF

2. 色彩规定

为了方便项目参与方查看，特别是机电专业系统较多，通过不同专业和系统模型赋予不同的模型颜色，有利于直观、快速地识别模型，具体可参考表 10-9。

课后习题

单项选择题

1. BIM 技术在施工中的应用不包含（　　　）。

A. 整体管理　　　　B. 技术应用　　　　C. 商务管理应用　　　D. 拆除方案

2. BIM 投标应用的内容不包括（　　　）。

A. 场地模型建立　　B. 标准模型建立　　C. 不平衡报价　　　D. 资金成本分析

3. BIM 整体实施流程不包含（　　　）。

A. 模型优化　　　　B. 标准施工模型　　C. 招投标　　　　　D. 进度模拟/优化

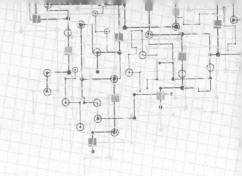

第 14 章　技术应用

第 1 节　土建专业 BIM 应用

14.1.1　场地布置 BIM 应用

1. 场地布置 BIM 应用概述

传统的场地布置，采用施工平面图等图样作为展示工程设计意图的方式，但二维图样很难直观地表达施工的真实情况。采用 BIM 进行三维化的施工场地布置，利用 BIM 模型建立桩基础阶段、土方阶段、地下室阶段、主体阶段、装饰阶段的场地三维布置，可以直观地表达施工的真实情况，提前发现安全隐患，从而达到安全生产、文明施工的目标。

2. 场地布置 BIM 应用流程

场地布置 BIM 应用的流程为：根据平面 CAD 制作 BIM 模型→优化场地布置→导出各阶段的平面图、三维图样。

3. 场地布置 BIM 应用成果

1）施工场地规划模型。施工场地规划模型应动态表达施工各阶段的场地地形、既有建筑设施、周边环境、施工区域、临时道路、临时设施、加工区域、材料堆场、临水临电、施工机械、安全文明施工设施等的规划布置。

2）施工场地规划分析报告、施工场地规划方案。施工场地规划分析报告应包含模拟结果分析、可视化资料等，用于辅助编制施工场地规划方案。

14.1.2　土方开挖 BIM 应用

1. 土方开挖 BIM 应用概述

1）土方施工进度模拟：在土方开挖方案模拟阶段，通过 BIM 模拟选择适合本项目的开挖方案，既可以提高工作效率，又提高了项目各方的协调管理能力。

2）土方开挖工程量控制：运用 BIM 技术生成原始地形数字模型，并在此基础上进行土方量计算，不但计算结果更加精确，时间上也仅仅需要几天即可完成，而且各种土方量计算结构能够以表格或者报表的方式输出。

2. 土方开挖 BIM 应用流程

土方开挖 BIM 应用的流程为：制作三维的 BIM 地质模型→按照制订的施工方案进行 BIM 模拟→

BIM 地质模型与 BIM 开挖模型对比→计算工程量。

3. 土方开挖 BIM 应用成果

1）准确得出各阶段土方的工程量。

2）择优确定土方开挖流程及方案。

14.1.3 模板脚手架 BIM 应用

1. 模板脚手架 BIM 应用概述

在传统的模板脚手架方案编制及配模过程中需要投入大量的人力资源进行模板脚手架的受力计算、模板配模工作。采用 BIM 的模板脚手架设计软件，在完成参数设定后可以一键完成受力计算、模板配模工作，极大地提高了工作效率。

2. 模板脚手架 BIM 应用流程

模板脚手架 BIM 应用流程为：模板脚手架模型搭建→受力计算→生成图样（立杆平面图、水平杆平面图、剪刀撑平面图、检测部位定位图、二维节点图、三维节点图、剖面图）。

3. 模板脚手架 BIM 应用成果

模板脚手架 BIM 应用可得到详细的模板脚手架材料表。

14.1.4 二次结构 BIM 应用

1. 二次结构 BIM 应用概述

传统的砌体排布一般采用 CAD 进行排布，根据工程已有的施工图样，结合图样中的平面图、立面图、剖面图制作每一面墙体的 CAD 排布图样。采用这种方法耗用的时间通常是采用 BIM 技术的 3 倍以上，而且采用 CAD 方法无法统计工程量。采用 BIM 技术进行砌体排布的效率是传统方法的 3 倍以上，可以直接由 BIM 模型导出 CAD 图样，可以直接指导施工，并且可以统计砌体、抹灰、过梁、构造柱的工程量。

2. 二次结构 BIM 应用流程

二次结构 BIM 应用流程为：收集资料→砌体模型搭建→输入过梁、构造柱、砌体的型号等参数→输出 CAD 图样以及砌体、抹灰、过梁、构造柱的工程量。

3. 二次结构 BIM 应用成果

二次结构 BIM 应用成果包括砌体、抹灰、过梁、构造柱的工程量，以及砌体排布 CAD 图样。

14.1.5 钢筋工程 BIM 应用

1. 钢筋工程 BIM 应用概述

传统钢筋工程采用 16G101 系列图样表示钢筋排布，需要专业技术人员掌握较高的相关图集知识才能识图，而且由于各方的理解偏差导致现场钢筋排布常出现错误，影响施工质量。采用 BIM 技术进行钢筋三维排布，钢筋排布十分清晰，不易产生因识图和理解偏差导致的现场施工质量问题；而且，BIM 数据直接输入钢筋加工设备，可以直接进行钢筋制作、下料，精确统计钢筋工程量。

2. 钢筋工程 BIM 应用流程

钢筋工程 BIM 应用流程为：绘制钢筋模型→计算钢筋工程量、出下料单→现场施工。

3. 钢筋工程 BIM 应用成果

钢筋工程 BIM 应用成果包括钢筋工程量和钢筋下料单。

14.1.6 混凝土工程 BIM 应用

1. 混凝土工程 BIM 应用概述

BIM 技术应用于混凝土工程，是采用 BIM 技术改造传统混凝土工程施工技术与过程管理的一种新方式。在混凝土工程中，BIM 技术的典型应用包括：可视化展示、深化设计、专业协调、施工模拟、材料统计、成本管控及质量安全管理等。混凝土工程应用 BIM 对于工程量提取、现场计量有着十分重要的意义，可以通过 BIM 提量与现场实际的对比进行材料使用的管控，达到减少现场施工浪费、节约工程投资、为工程项目增值的目的。

2. 混凝土工程 BIM 应用流程

混凝土工程 BIM 应用流程为：明确应用目标→建模→出工程量→现场施工。

3. 混凝土工程 BIM 应用成果

混凝土施工过程中的质量安全管理，可结合 BIM 模型在关键位置设置二维码巡查点，巡检人员按巡查点进行混凝土结构的现场质量安全检查，产生的数据及时反馈给平台端，实现工程量的随时提取。

第 2 节　机电专业 BIM 应用

1. 机电 BIM 应用概述

传统工程中暖通、给排水、电气等专业的施工图样，各自遵循自己的专业规则进行制图，这导致在后期的施工中管线碰撞问题尤为突出，致使工期延长、费用增加。而在 BIM 工作流程环境中，整合了建筑、结构、给排水、暖通、电气等专业建立统一的 BIM 三维可视化模型，提前进行各专业的管线综合排布，出具管线综合图样。

2. 机电 BIM 应用流程

机电 BIM 应用流程为：收集资料→BIM 建模→碰撞检测→管线综合→出具管线综合图样、碰撞报告及工程量。

3. 机电 BIM 应用成果

机电 BIM 应用成果包括 BIM 管线综合图样、BIM 管线工程量。

第 3 节　其他专业 BIM 应用

14.3.1 装饰 BIM 应用

装饰 BIM 应用中，通过 BIM 技术制作装饰 BIM 三维模型，其与传统的效果图不同，装饰 BIM

三维模型是按照装饰图样以 1:1 的比例建立的,真实反映了项目建成后的装饰效果,并且在模型中体现了管线的走向,以及结构梁、结构墙的位置,业主可以在模型中看到所有的构件和参数,这在改建过程中可以避免因图样问题导致的识图不清晰而破坏建筑的承重结构或者管线,导致难以弥补的施工问题。

14.3.2 钢结构 BIM 应用

钢结构施工一般包括深化设计、生产管理、构件制造、项目安装四大阶段,各阶段可以按照管理需要划分出若干个子阶段(例如构件制造阶段可以划分为零件加工、构件加工等子阶段),每个子阶段又可以划分出若干个工序(例如图样审核、材料采购、下料、组立、装配、运输、现场验收、吊装等)。应用 BIM 技术,可解决施工各阶段的协同作业和信息共享问题,使不同岗位的工程人员可以从施工过程模型中获取、更新与本岗位相关的信息。

14.3.3 市政 BIM 应用

市政 BIM 一般用在市政设计中的地形图处理,可以用 BIM 制作出三维可视化的地形,设计人员可以方便、准确地计算出土石方工程量,从而避免纠纷。在市政施工中可用 BIM 模型进行交底,使市政各参与方基于统一的模型理解设计意图和施工工艺,避免出现理解错误。

14.3.4 水利 BIM 应用

水利工程条件复杂,传统的二维图样很难表述清楚,实际施工条件和图样上的表述往往差别较大,在施工后期经常造成各专业的错、漏、碰、撞,从而引起设计变更。采用 BIM 技术建立起各参与方的协同平台,建立统一的 BIM 三维模型,在模型上提前发现错、漏、碰、撞问题,并及时解决,有效提高了施工效率。

14.3.5 路桥 BIM 应用

目前,BIM 在路桥上的应用主要是在工程量提取、测量辅助、土方开挖、技术交底、深化施工图、助力投标、方案汇报等技术方面。

第4节 各专业协同

14.4.1 模型建立专业协同

关于模型建立的专业协同,下面以 Revit 为例简述此协同方式:

1)文件链接方式:文件链接方式和 CAD 中的外部参照是一个性质,类似于超链接的形式,都是链接的本地文件。

2)工作集方式:把中心文件存储在局域网可以访问的计算机中,每个人都从上面下载自己的本地文件,在本地文件中修改后再反馈到中心文件。每个人可以设置自己的权限,成员之间的权限可以相互借用，实现了信息的实时沟通。

14.4.2 模型应用专业协同

模型应用专业的协同，以建筑工程为例，建筑、结构、水、暖、电等专业建立模型之后，通过模型建立的协同方式整合在一个模型中，用于检测各专业之间的碰撞，综合调整各专业，使它们符合施工要求。

课 后 习 题

一、单项选择题

1. Revit 的协同方式有（　　）种。

A. 1 　　　　　　　B. 2 　　　　　　　C. 3 　　　　　　　D. 4

2. 以下哪个属于土方 BIM 应用的成果?（　　）

A. 结构模型 　　　B. 建筑模型 　　　C. 施工模型 　　　D. 土方工程量

二、多项选择题

1. BIM 砌体排布的成果包括（　　）。

A. 砌体排布 CAD 图样

B. 砌体工程量

C. 过梁、构造柱工程量

D. 结构柱工程量

E. 门窗工程量

2. Revit 的协同方式包括（　　）。

A. 链接 　　　　　B. 工作集 　　　　C. 导出 　　　　D. 复制 　　　　E. 绑定

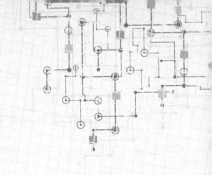

第15章 商务管理

第1节 成本管理

15.1.1 图样总工程量录入

施工方组织项目人员进行图样会审，确认图样工程量无误后，项目 BIM 管理人员将图样总工程量录入 BIM 管理平台。

15.1.2 分部分项工程量录入

项目 BIM 管理人员依据图样将各个分部分项工程量上传至 BIM 管理平台，如图 15-1、图 15-2 所示。

图 15-1　某桩基础钢筋工程量　　　　　　图 15-2　某桩基础开挖深度

15.1.3 年实际完成量报审

项目现场管理人员和相关负责人将相关报审资料准备齐全，转交项目 BIM 管理人员，之后项目 BIM 管理人员按照 BIM 管理平台的要求将相关附件上传至 BIM 管理平台，最后经过项目负责人、监理负责人、造价负责人、业主方负责人等进行审批，各方进行逐级审批，直到最后一位负责人通过审批后，该审批通过有效；若其中任何一位负责人未通过审批，则将其相关意见和原因返回至项目 BIM 管理人员，按照要求进行修改完善后，重新进行上报，直至通过审批。具体操作流程如图 15-3 ~ 图 15-6 所示。

图 15-3　实际完成量报审记录

图 15-4　某期实际完成量报审明细

图 15-5　某期实际完成量报审支撑资料

图 15-6　某期实际完成量报审审批记录

15.1.4 补审

在工程施工过程中，部分工程量未在施工图样中列出或者在施工中需要增加一些工程量，这里就需要施工方依据相关签证进行报审，即补审。补审审批程序同上。

第 2 节　物资商务管理应用

15.2.1 月需材料计划

物资部根据 BIM 管理平台中录入的月工程进度计划，分别计算出下月需要的各材料用量，然后根据计算的材料用量实施下月的材料计划。

15.2.2 月实际材料用量

物资部和施工现场管理人员对本月的材料用量进行盘算，统计出本月的工程材料用量。

15.2.3 耗材对比分析

本月的实际材料用量与本月的实际工程完成量进行对比分析，然后通过调用 BIM 管理系统数据确定各耗材用量是否超过规定范围。如果超出规定范围，应进行该类耗材的分析，确定耗材消耗超出规定的原因，以保证工程材料的使用率和控制成本。

课 后 习 题

单项选择题

1. 下列关于商务管理应用中的成本环节的项目不包含（　　　）。

A. 图样总工程量录入

B. 分部分项工程量录入

C. 年计划完成量报审

D. 补审

2. 下列关于商务管理应用中成本环节的项目说法错误的是（　　　）。

A. 施工方组织项目人员进行图样会审，确认图样工程量无误后，项目 BIM 管理人员将图样总工程量录入 BIM 管理平台

B. 项目现场管理人员和相关负责人将相关报审资料准备齐全，转交项目 BIM 管理人员，之后项目 BIM 管理人员按照 BIM 管理平台的要求将相关附件上传至 BIM 管理平台，最后经过业主方负责人、造价负责人、监理负责人、项目负责人等进行审批，各方进行逐级审批，直到最后一位负责人通过审批后，该审批通过有效

C. 年实际完成量报审过程中，其中任何一位负责人未通过审批，则将其相关意见和原因返回至项目 BIM 管理人员，按照要求进行修改完善后，重新进行上报，直至通过审批

D. 在工程施工过程中，部分工程量未在施工图样中列出或者在施工中需要增加一些工程量，这里就需要施工方依据相关签证进行报审，即补审

3. 关于物资商务管理应用描述错误的是（　　）。

A. 物资部根据BIM管理平台中录入的月工程进度计划，分别计算出下月需要的各材料用量，然后根据计算的材料用量实施下月的材料计划

B. 物资部和施工现场管理人员对本月的材料用量进行盘算，统计出本月的工程材料用量

C. 物资部和施工现场管理人员对上月的材料用量进行盘算，统计出本月的工程材料用量

D. 本月的实际材料用量与本月的实际工程完成量进行对比分析，然后通过调用BIM管理系统数据确定各耗材用量是否超过规定范围。如果超出规定范围，应进行该类耗材的分析，确定耗材消耗超出规定的原因，保证工程材料的使用率和控制成本。

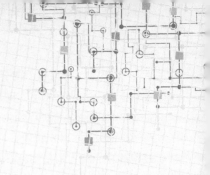

第 16 章　进度管理

第 1 节　计划任务管理

16.1.1　总进度计划

　　根据合同工期，项目生产经理组织项目一线员工按照项目生产进度合理安排工期，利用 Project 软件编制完成总进度计划并上传至 BIM 管理平台，以便项目人员随时浏览进度计划，如图 16-1 所示。

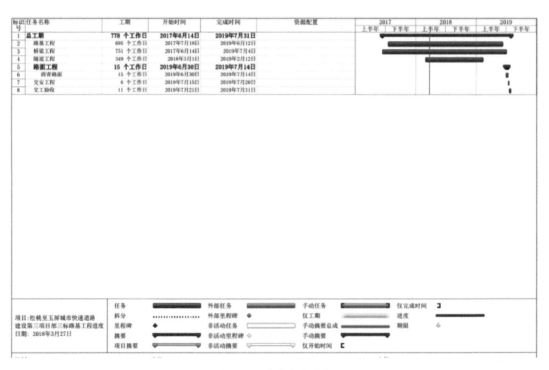

图 16-1　总进度计划表

16.1.2　年进度计划

　　根据总进度计划分别编制工程年完成量以及工程实施的先后顺序，以保证计划的合理性和可实施性，如图 16-2 ~ 图 16-4 所示。

标识号	任务名称	工期	开始时间	完成时间	资源配置	工程量	2017 上半年	2017 下半年	2018 上半年	2018 下半年	20 上半年
1	K65+000~K65+880路基工程	652 个工作日	2017年7月18日	2019年4月30日							
2	K65+380~K65+880段换填	25 个工作日	2017年7月18日	2017年8月11日	挖机4台、自卸车12台，压路机1台、装载机1台、推土机1台、冲击碾1台、人工20人	12万方					
3	K65+510钢波纹管涵	15 个工作日	2017年9月22日	2017年10月6日	吊车1台、空压机1台、安装工10人	95(m)					
4	K65+455箱涵（4x4）	72 个工作日	2017年10月15日	2017年12月25日	焊机2台、钢筋切断机1台、钢筋弯曲机1台、吊车1台、人工20人	56(m)					
5	K65+790钢波纹管涵	15 个工作日	2017年8月17日	2017年8月31日	吊车1台、空压机1台、安装工10人	90. 1m					
6	K65+720箱涵（4x4）	92 个工作日	2017年8月31日	2017年11月30日	焊机2台、钢筋切断机1台、钢筋弯曲机1台、吊车1台、人工20人	62(m)					
7	K65+000~K65+360路基开挖	200 个工作日	2017年9月28日	2018年4月15日	挖机4台、自卸车16台、压路机1台、装载机1台、推土机1台、冲击碾1台、潜孔钻2台、洒水车1台、人工30人	600000m²					
8	K65+000~K65+880填方	70 个工作日	2017年11月23日	2018年1月31日	挖机4台、自卸车16台、压路机1台、装载机1台、推土机1台、冲击碾1台、洒水车1台、人工25人	500000m²					
9	K65+000~K65+360路堑边坡防护	120 个工作日	2018年4月30日	2018年8月27日	地泵1台、工人50人	21600m2					
10	K65+360~K65+880路堤边坡防护	80 个工作日	2018年8月28日	2018年11月15日	吊车2台、片石运输车1台、工人50人	15600m2					
11	K65+620~K65+880截水	10 个工作日	2018年11月30日	2018年12月9日	挖机1台、随车吊1台、工人10人	260m					
12	K65+000~K65+880级配工	2 个工作日	2018年12月10日	2018年12月11日	挖机2台、运输车5台、压路机2台	880m					
13	K65+000~K65+880水稳施工	3 个工作日	2018年12月12日	2018年12月14日	挖机2台、运输车5台、压路机2台	880m					
14	K65+000~K65+880电力通信管道	30 个工作日	2018年12月15日	2019年1月13日	挖机1台、工人20人	880m					
15	K65+000~K65+880人行道	32 个工作日	2019年1月14日	2019年2月14日	挖机1台、工人30人	880m					
16	K65+000~K65+880绿化	45 个工作日	2019年2月15日	2019年3月31日	吊车2台、工人20人	880m					
17	K65+000~K65+880路灯	30 个工作日	2019年4月1日	2019年4月30日	吊车2台、工人10人	880m					

项目：松桃至玉屏城市快速道路建设第三项目部三标路基工程进度日期：2018年3月15日	任务	▬▬▬	外部任务	▬▬▬	手动任务	▬▬▬	仅完成时间	▯
	拆分	··········	外部里程碑	◆	仅工期	▬▬▬	进度	▬▬▬
	里程碑	◆	非活动任务	☐	手动摘要总成	◆──◆	期限	⬇
	摘要	▬▬▬	非活动里程碑	◇	手动摘要	▬▬▬		
	项目摘要	▬▬▬	非活动摘要	▭─▭	仅开始时间	▮		

图 16-2　路基工程进度计划

标识号	任务名称	工期	开始时间	完成时间	资源配置	工程量	2018 上半年	2018 下半年	2019 上半年	2019 下半年
31	21#墩右幅墩身	91 个工作日	2018年7月4日	2018年10月2日		90.8m				
32	20#墩左幅墩身	90 个工作日	2018年6月30日	2018年9月27日		89.8m				
33	20#墩右幅墩身	89 个工作日	2018年7月9日	2018年10月5日		88.8m				
34	0#块	55 个工作日	2018年9月28日	2018年11月21日	施工电梯2台，托架4套，塔吊2台，工人40人	4个				
35	21#墩左幅0#块	40 个工作日	2018年10月13日	2018年11月21日						
36	21#墩右幅0#块	40 个工作日	2018年10月3日	2018年11月11日						
37	20#墩左幅0#块	40 个工作日	2018年9月28日	2018年11月6日						
38	20#墩右幅0#块	40 个工作日	2018年10月6日	2018年11月14日						
39	连续梁悬浇	238 个工作日	2018年11月7日	2019年7月2日	单侧14个节段，挂篮8套，张拉压浆设备4套，塔吊2台，施工电梯2台，人工60人	270m				
40	21#墩左幅挂篮安装预压	30 个工作日	2018年11月22日	2018年12月21日						
41	21#墩右幅挂篮安装预压	30 个工作日	2018年11月12日	2018年12月11日						
42	20#墩左幅挂篮安装预压	30 个工作日	2018年11月7日	2018年12月6日						
43	20#墩右幅挂篮安装预压	30 个工作日	2018年11月15日	2018年12月14日						
44	21#墩左幅悬臂现浇	140 个工作日	2018年12月22日	2019年5月10日						
45	21#墩右幅悬臂现浇	140 个工作日	2018年12月12日	2019年4月30日						
46	20#墩左幅悬臂现浇	140 个工作日	2018年12月7日	2019年4月25日						
47	20#墩右幅悬臂现浇	140 个工作日	2018年12月15日	2019年5月3日						
48	左幅边跨合龙	30 个工作日	2019年5月26日	2019年5月25日						
49	右幅边跨合龙	30 个工作日	2019年5月4日	2019年6月2日						
50	左幅中跨合龙	30 个工作日	2019年5月26日	2019年6月24日						
51	右幅中跨合龙	30 个工作日	2019年6月3日	2019年7月2日						
52	桥面系	28 个工作日	2019年7月22日	2019年8月18日	100m²防撞墙模板，20个工人					
53	左幅桥面系	20 个工作日	2019年6月25日	2019年7月14日						
54	右幅桥面系	20 个工作日	2019年7月3日	2019年7月22日						
55	龙洞河大桥23~26跨装配式简支T梁	493 个工作日	2018年5月6日	2019年9月10日		160m（双幅）				
56	主便道	30 个工作日	2018年5月6日	2018年6月4日						
57	桩基	120 个工作日	2018年6月5日	2018年10月2日	钻1台、吊车2台、装载机1台、自卸汽车2台、人工30人	37个				
58	承台	40 个工作日	2018年10月3日	2018年11月11日	吊车2台、装载机1台、人工30人	8个				
59	墩身	90 个工作日	2018年11月12日	2019年2月9日	吊车2台、塔吊1台、装载机1台、爬模4套，人工30人	8个				
60	T梁架设	10 个工作日	2019年7月23日	2019年8月1日	运梁炮车3台、架桥机1台	49片				
61	湿接缝	20 个工作日	2019年8月2日	2019年8月21日	振捣棒4台、人工10人	7跨				
62	桥面系	20 个工作日	2019年8月22日	2019年9月10日	防撞墙模板200m、人工10人	7跨				

项目：松桃至玉屏城市快速道路建设第三项目部三标进度计划日期：2018年5月6日	任务	▬▬▬	外部任务	▬▬▬	手动任务	▬▬▬	仅完成时间	▯
	拆分	··········	外部里程碑	◆	仅工期	▬▬▬	进度	▬▬▬
	里程碑	◆	非活动任务	☐	手动摘要总成	◆──◆	期限	⬇
	摘要	▬▬▬	非活动里程碑	◇	手动摘要	▬▬▬		
	项目摘要	▬▬▬	非活动摘要	▭─▭	仅开始时间	▮		

图 16-3　桥梁工程进度计划

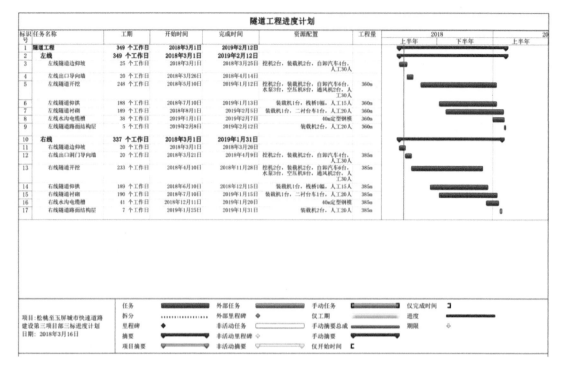

图 16-4　隧道工程进度计划

16.1.3　控制性工程进度计划

为了保证工程能够顺利完工，需要对控制性结构工程的各部位施工编制科学、有序的进度计划。由中建四局施工的松桃至玉屏城际快速道路所属的石竹一号桥进度计划安排如图 16-5 所示。

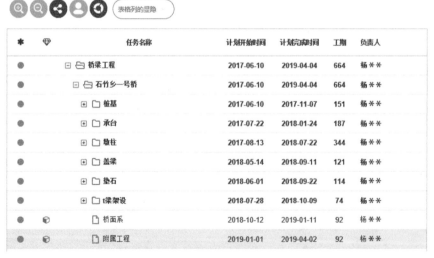

a)

图 16-5　石竹一号桥进度计划安排

石竹一号桥进度计划

✱	🔷	任务名称	计划开始时间	计划完成时间	工期	负责人
●		⊟ 📁 桥梁工程	2017-06-10	2019-04-04	664	杨＊＊
●		⊟ 📁 石竹乡一号桥	2017-06-10	2019-04-04	664	杨＊＊
●		⊟ 📁 桩基	2017-06-10	2017-11-07	151	杨＊＊
●	📦	📄 R0-1	2017-07-25	2017-07-25	1	杨＊＊
●	📦	📄 R0-2	2017-07-30	2017-07-30	1	杨＊＊
●	📦	📄 R0-3	2017-08-31	2017-08-31	1	杨＊＊
●	📦	📄 R0-4	2017-08-01	2017-08-01	1	杨＊＊
●	📦	📄 R0-5	2017-08-29	2017-08-31	3	杨＊＊
●	📦	📄 R0-6	2017-07-27	2017-07-30	4	杨＊＊
●	📦	📄 R1-1	2017-07-24	2017-07-24	1	杨＊＊

b)

图 16-5　石竹一号桥进度计划安排（续）

第 2 节　实际进度管理

16.2.1　实际进度填报

工程项目实施的各部位负责人员，每周应进行工程进度实时统计，然后在 BIM 管理平台上传当周的工程完成进度，BIM 管理平台每月进行进度统计条的更新，如图 16-6 所示。

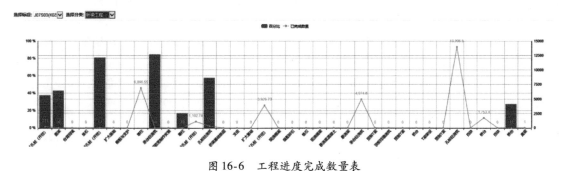

图 16-6　工程进度完成数量表

16.2.2　进度对比分析

BIM 项目经理根据实际进度与计划进度进行对比分析，然后依据分析结果合理调整工程进度，保证工程保质保量地在合同期完成。例如某市政工程项目，由于 K67 + 700 ~ K68 + 000 段的路基施工距离铜玉铁路太近，该土石方中四类土所占比例较大，无法进行机械开挖，该段路基又毗邻

X504 县道，且业主要求在铜玉铁路正式通车前完成该段路基的开挖，施工方需要在 40 天内完成 70 万立方米的土石方量。施工方利用 Project 软件编制进度计划，利用 Revit 和草图大师进行场地布置，并确定随着开挖天数的变化所需投入的最大机械数量；然后利用 Navisworks 软件进行进度模拟，发现每天机械开挖工作 10 小时无法完成该段土石方量的开挖。通过 Navisworks 软件进行调整优化后确定每天开挖 18 小时才能完成该段土石方量的开挖，最终该段路基施工在铜玉铁路通车前完成施工。

课 后 习 题

单项选择题

1. 项目进度中的计划任务管理不包含（　　）。

A. 总进度计划

B. 年进度计划

C. 个人进度计划

D. 控制性工程进度计划

2. 关于计划任务管理说法错误的是（　　）。

A. 根据合同工期，项目生产经理组织项目一线员工按照项目生产进度合理安排工期，利用 Project 软件编制完成总进度计划并上传至 BIM 管理平台，以便项目人员随时浏览进度计划

B. 根据总进度计划不需要编制工程年完成量以及工程实施的先后顺序，就可以保证计划的合理性和可实施性

C. 根据总进度计划分别编制工程年完成量以及工程实施的先后顺序，以保证计划的合理性和可实施性

D. 为了保证工程能够顺利完工，需要对控制性结构工程的各部位施工编制科学、有序的进度计划

3. 关于实际进度管理的描述正确的是（　　）。

A. 工程项目实施的各部位负责人员，每月应进行工程进度实时统计，然后在 BIM 管理平台上传当周的工程完成进度，BIM 管理平台每年进行进度统计条的更新

B. 工程项目实施的各部位负责人员，每周应进行工程进度实时统计，然后在 BIM 管理平台上传当周的工程完成进度，BIM 管理平台每月进行进度统计条的更新

C. BIM 项目经理无须根据实际进度与计划进度进行对比分析，即可保证工程保质保量地在合同期完成

D. BIM 项目经理根据计划进度进行分析，然后依据分析结果合理调整工程进度，保证工程保质保量地在合同期完成

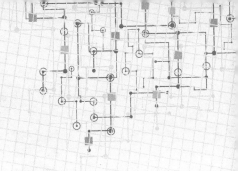

第 17 章 现场管理

第 1 节 人员管理

17.1.1 BIM 在人员管理中的价值体现

工程项目在建设过程中要想实现合理的经济效益和社会效益，必须统筹人力、材料、机械和资金等因素发挥出最大化效益，而施工过程各个环节都离不开人和对人的管理，尤其是大型的复杂项目，由于参建单位多、涉及专业多、工序交叉多、参与人员多，若在施工组织、人员安排和过程监管等环节出现差错，极易造成窝工误工、延误工期、造价上升和效益降低的后果。所以，人力资源是项目建设中的重要资源，是实现工程项目按期完成的关键因素，如何对参与人员进行管理是现场管理的重中之重。

施工过程中人员的合理安排和动态调整始终是项目管理的重点和难点，本节探讨的是基于 BIM 技术对施工参与人员进行智能化管理，通过把 BIM 技术和其他信息技术相结合，集成项目管理过程中涉及的各方面要素，借助信息收集和传输系统、工程要素管理系统、监控识别系统、互联网技术、物联网技术等手段，实现参与人员的合理计划、现场安排和动态调整；同时，对照计划进度和实际进度，及时解决人工短缺、富余，以及工种比例不合理、各施工面人员安排不合理等问题，力求实现合理的经济效益和社会效益。

17.1.2 BIM 平台人员管理的功能与组织架构

施工现场人员管理的特点是人员流量大、变动频率快、上下班时间不固定、工作周期不固定，传统的管理方法根本无法满足要求，所以对参与人员的考勤和管理系统有特殊的要求：首先是信息容量要大，其次是人员操作要方便，最后是系统更新要及时。

基于互联网平台、物联网技术、大数据处理和信息识别系统，借助出入口控制设备、RFID 读写器、红外传感器、声光报警器、显示器、视频监控/抓拍、信息播报及软件管理系统，构建施工现场人员综合管理系统框架（图 17-1），对参与人员进行实时的动态管理，达到提升工程项目管理效益的目的。综合管理系统的功能一般包括：

1）人员出入自动统计并与计划安排进行对比，提供人员安排和到岗就位信息。

2）人员进出图像自动识别和抓拍，规避无卡/代刷卡人员进出的问题。

3）实时显示出入统计信息及视频，提高人员管控效率。

4）人员区域定位和工作岗位对应，可查询人员的活动轨迹。

5）非持卡人员出入声光报警，严格控制无关人员进出。

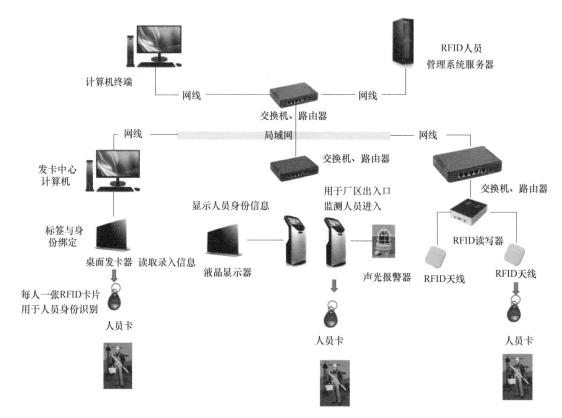

图 17-1　施工现场人员综合管理系统框架图

通过综合管理系统，可实时获取施工现场佩戴装有标签安全帽的人员信息，得到施工现场的施工人员数据表，包括工地总施工人数表、各班组人数表、各工种人数表和各工作面人数表，并与计划施工人数表上传至服务器；服务器将得到的现场数据、计划数据和标准施工人数进行对比，得到输出结果报表，并将输出结果报表传输至终端内供决策层人员查看和导出，达到人员综合管理的目标。

17.1.3　人员管理实施方案

1. 标签安装

在本系统中，进出工地的工人必须佩戴安全帽，因此安全帽可以作为本系统中的一个媒介，将写有工人身份信息的电子标签与安全帽进行绑定，工人戴安全帽进出装有 RFID（无线射频技术）识别系统的门禁通道即可完成对考勤人员身份的识别。

2. 门禁通道

在进出建筑工地的大门安装 RFID 识别设备，当戴有安全帽的工人通过时，通过对安全帽上绑定的电子标签的识别，实现对考勤人员身份的识别，如图 17-2 所示。

本系统设计的关键在于门禁通道处多人进出的同时识别，尤其是对于较宽的大门，在考勤高峰时人流量大，设备需具备多标签不漏识别的能力。

3. 显示系统

LED 显示屏显示实时的各工种进出人数（如果有写入具体人员信息要求的可以显示人员信息），同时管理人员可通过 APP 或者微信公众号方便地查看实时的人员考勤状况，如图 17-3 所示。

4. RFID 手持终端稽查

工地内部的管理人员手持 RFID 移动终端，移动终端上安装有移动端管理软件，可对在岗员工进行人员核实稽查。

智慧工地 BIM 协同管理平台是在互联网、大数据时代下，基于物联网、云计算、移动通信、大数据等技术，围绕建筑施工现场"人、机、料、法、环"五大因素，创建的现

图 17-2 门禁通道

代化的建筑施工综合管理系统。平台采用先进的高科技信息化处理技术，为建筑管理方提供系统解决问题的应用工具。平台集成了 BIM 项目应用、实名制劳务管理系统、施工电梯升降机识别系统、物联网管理系统、智能塔式起重机可视系统、环境监测系统、远程视频监控系统、物料验收系统、工程云盘、智能监控系统以及 VR 体验系统。

图 17-3 显示系统

第2节 材料管理

17.2.1 BIM 在材料管理中的价值体现

材料是项目建设不可缺少的资源，是构成建筑物的基本要素，加强材料管理是实现工程项目按期完成的关键因素。材料的进场计划和动态管控受多方面因素的影响和制约，是项目管理过程中的难点，由于材料采购和进场不及时会造成工期延误和造价上升，所以做好材料采购和现场管

理是一项非常重要的工作。将 BIM 技术和其他信息技术相结合，集成项目管理过程中的诸多要素和影响因素，实现主要材料的合理采购、及时进场和精准管理，并根据实际情况进行动态调整，可实现项目主要材料的精细化、规范化、信息化管理，如图 17-4 ~ 图 17-6 所示。

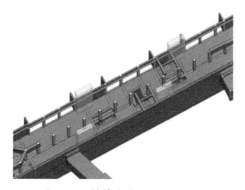

图 17-4　材料堆放场地规划模拟

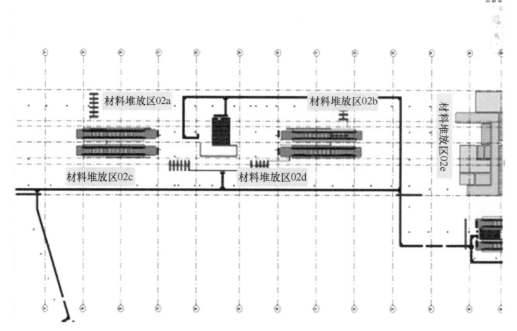

图 17-5　材料堆放场地编号平面

图 17-6　现场材料堆放效果

17.2.2 BIM 平台材料管理功能与组织架构

基于 BIM 技术的施工现场材料管理系统，包括施工现场材料信息单元、监控单元、BIM 标准数据单元、企业服务器和智能终端等（图 17-7）。

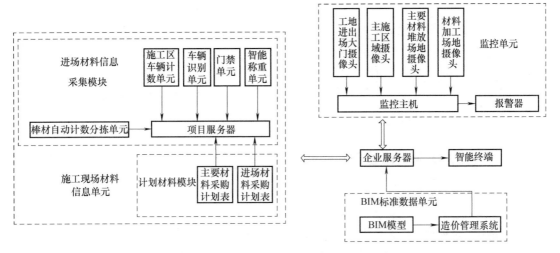

图 17-7 基于 BIM 技术的施工现场材料管理系统

（1）施工现场材料信息单元

施工现场材料信息单元主要包括进场材料信息采集模块和计划材料模块。

1）进场材料信息采集模块将进入施工现场的材料的实际数量和实际质量信息上传至 BIM 平台。进场材料信息包括施工区车辆计数单元、车辆识别单元、门禁单元、智能称重单元、棒材自动计数分拣单元，如图 17-7 所示。

其中，施工区车辆计数单元对进入施工现场的车辆进行计数；车辆识别单元用于识别进入施工现场的车辆；门禁单元用于限制外来车辆进入施工现场；智能称重单元用于获得进入施工现场的大型材料的实际质量，并将大型材料的实际质量信息上传至 BIM 平台；棒材自动计数分拣单元对进入施工现场的棒状材料进行分拣计数，并将棒状材料的实际数量信息上传至 BIM 平台。

2）计划材料模块将施工现场所需材料的计划数量和材料质量信息上传至 BIM 平台，并与实际进场材料进行比对，提出相应的报告。

计划材料报表包括与项目总进度计划和各分项工程进度计划相对应的材料清单，包括主要材料采购计划表和进场材料计划表，并将相关表格上传至 BIM 平台。

（2）BIM 标准数据单元

BIM 标准数据单元包括 BIM 模型和与 BIM 模型相匹配的管理系统，管理系统根据 BIM 模型、项目总进度计划和各分项工程进度计划得到标准施工材料表，并将标准施工材料表上传至 BIM 平台；BIM 平台将得到的实际数量、计划数量和标准数量进行对比，得到输出结果报表，并将输出结果报表传输至智能终端内供查看和处理。

（3）监控单元

监控单元包括安装在工地进出场大门的摄像头、主施工区域的摄像头、主要材料堆放场地的摄像头，材料加工场地的摄像头，各摄像头将各自的摄像信息传输至监控主机内；监控主机处理后，一方面通过报警器进行警报，另一方面将监控信息上传至 BIM 平台。

第3节 设备管理

17.3.1 BIM 在设备管理中的价值体现

设备是项目建设不可缺少的工具和手段，设备既可以影响施工方法和施工方案，又可以影响施工进度和施工质量，所以工程建设离不开设备。加强设备管理，确定合理的设备布置方案和设备参数选择，是实现工程项目保质、保量、按期完成的关键因素。传统的设备管理方法已不能适应当今复杂大型项目的设备管理需要，借助 BIM 技术管理平台可显著提升设备的利用率，提高工程建设的经济效益和社会效益。

17.3.2 BIM 平台设备管理的功能

本部分以塔式起重机为例来说明 BIM 平台设备管理的功能。

塔式起重机是施工现场主要的垂直运输设备，塔式起重机的工作状态直接影响着工作效率。建立智能塔式起重机可视系统可提升塔式起重机的设备利用率和现场施工效率。

智能塔式起重机的可视系统由安装于塔式起重机吊臂、塔身及传动结构处的各类智能传感器、驾驶室的操作终端、塔式起重机驾驶员人脸识别考勤、无线通信模块以及远程可视系统组成。

智能塔式起重机可视系统一般具有三维立体防碰撞功能、超载预警功能、超限预警功能、大臂绞盘防跳槽监控功能、塔式起重机监管功能、全程可视化功能、远程监控功能等，能全方位扫除视觉盲区。通过塔式起重机 BIM 监控平台，管理人员能够清楚地看到塔式起重机的分布情况、塔式起重机的操作情况，结合塔式起重机驾驶员考勤系统，可以清楚地判定塔式起重机的现场运行情况，并进行危险报警统计分析。

为了提高智能塔式起重机可视系统的监管功能和应用效果，塔式起重机一般具有远程视频监控功能，相关远程视频监控系统由前后端硬件以及后端软件组成，主要硬件设备有超高清摄像头、无线 WiFi 盒子（无线局域网）、无线电源盒子等，项目管理人员可对监控视频进行录入、回放、导出等操作，以便对设备进行管理。

第4节 安全管理

17.4.1 BIM 在安全管理中的价值体现

安全是项目建设过程中不可回避的问题，涉及人身安全、工程进度、财产损失、社会影响等方面。确保工程建设过程中的安全是日常工作的重中之重。施工现场可设置体验室，使施工工人在虚拟的施工场景中"亲历和体验"施工过程中可能发生的基坑坍塌、高空坠落、物体打击、触电伤害等工程事故，从而提高工人的安全意识。

借助 BIM 技术管理平台可降低安全风险，通过虚拟发生的过程场景可教育工人在面对险情时应该如何应对，可有效避免安全事故的发生。

17.4.2　BIM 平台安全管理的功能

安全管理是一项系统工程，BIM 平台安全管理包含组织保障模块、风险管控模块、监督检查模块、技术保障模块、设备管理模块、教育培训模块等。图 17-8 ~ 图 17-10 分别是 BIM 平台安全管理功能模块菜单、BIM 平台安全管理监督检查模块菜单、BIM 平台教育培训模块的虚拟体验场景。

图 17-8　BIM 平台安全管理功能模块菜单

图 17-9　BIM 平台安全管理监督检查模块菜单

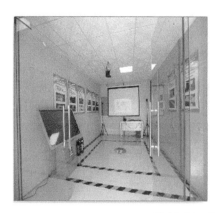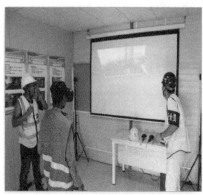

图 17-10　BIM 平台教育培训模块的虚拟体验场景

第 5 节　质 量 管 理

17.5.1　BIM 在质量管理中的价值体现

质量是项目建设过程中必须确保的内容，质量问题涉及人身安全、工程安全、财产损失、社会影响等方面，确保工程质量是项目建设过程中的头等大事。传统的纸质材料汇报和人员汇报已不能满足过程质量监管的需要，借助 BIM 技术管理平台，可对工程建设过程进行全方位的质量监控和监管，确保过程质量合格，进而保障整体质量合格。

17.5.2　BIM 平台质量管理的功能

1. 图样质量管理

传统的二维设计图样质量管控存在不可避免的问题，其中之一是无法进行三维合模，无法进行专业之间的协调和互查，这使得错误和漏缺难以避免。传统的二维设计图样质量管控的缺陷与基于 BIM 的质量管控的优势对比见表 17-1。

表 17-1　传统的二维设计图样质量管控的缺陷与基于 BIM 的质量管控的优势对比

传统的二维设计图样质量管控的缺陷	基于 BIM 的质量管控的优势
手工整合图样，凭借人工经验判断，难以多专业整合，易出现问题，难以进行具体、全面的分析	利用计算机对多专业的 BIM 模型进行全面核验，核验速度较快，精确度较高
均为局部单项调整，无法对多专业进行快速校核	在多专业 BIM 整合模型中，可对任一部位的构件进行精准查看及标注
现场施工单位对预制构件生产及运输的信息难以获取，预制构件不能合理生产及运输，导致施工进度延后及工程质量问题	项目各参与方运用 BIM 协同管理平台，可将预制构件的设计、加工、运输等信息上传至平台，各参与方可获取精准信息，确保工程质量
对项目质量问题无法进行跟踪及检查	可对项目质量问题进行责任人划分，可对项目全过程进行跟踪和质量监督

三维参数化的 BIM 正向设计利用三维 BIM 模型进行专业之间的随时协同,通过实时检测碰撞 (图 17-11 ~ 图 17-13) 可有效提升图样质量;通过 BIM 模型对施工阶段的构件和管线、建筑与结构、结构与管线等各专业进行碰撞检查,并反提给各专业设计人员进行调整,理论上可消除所有管线的碰撞问题,可显著降低传统二维设计模式的错、漏、碰、缺等现象的数量,可提高施工效率和质量,并缩短工期。

图 17-11　机电管线排布

图 17-12　机电专业风管参数设置

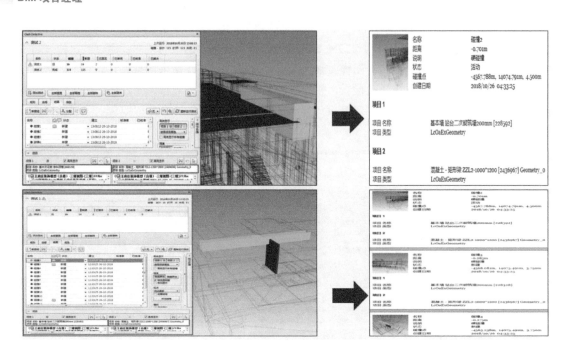

图 17-13　结构专业碰撞检查

2. 施工工艺模拟

可借助 BIM 模型对施工工艺进行模拟，利用 BIM 视频对施工过程中的难点和要点进行说明和展示，能够非常直观地给施工管理人员及施工班组进行技术交底，清晰把握施工过程，从而实现施工组织、施工工艺、施工质量的事前控制。施工工艺模拟如图 17-14 与图 17-15 所示。

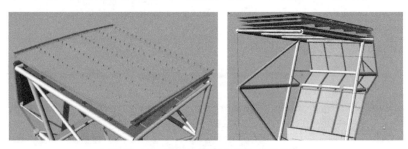

图 17-14　异型构件节点施工工艺模拟

图 17-15　幕墙系统节点通过 BIM 模型进行三维可视化模拟

3. 现场质量管理

质量的主体不仅包括产品，还包括过程、活动的工作质量，同时质量管理体系运行的效果也要包括在内。工程建设过程中影响工程质量的因素主要包括人员、机械、材料、方法、环境等方面，要做好全方位的过程质量管控，确保工程质量合格。对现场质量检查发现的问题要及时上传到 BIM 平台质量管理的相应模块，BIM 平台再将信息传递到信息接收部门和责任人；对质量问题的处理意见和整改内容以整改通知单的形式下发到执行部门和责任人，执行部门将问题整改纸质资料和影音图片资料上传 BIM 平台，待质量管理部门复验合格后下达整改结论。图 17-16、图 17-17分别是 BIM 平台质量管理功能模块、智慧化工地现场视频管控航拍图片。

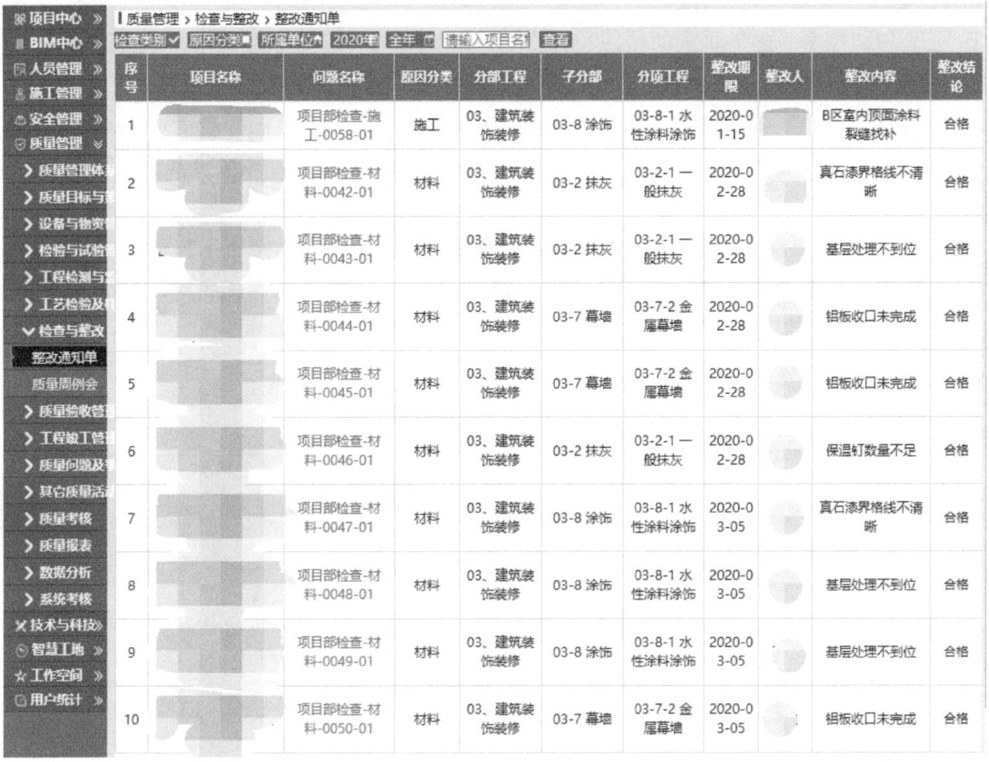

序号	项目名称	问题名称	原因分类	分部工程	子分部	分项工程	整改期限	整改人	整改内容	整改结论
1		项目部检查-施工-0058-01	施工	03、建筑装饰装修	03-8 涂饰	03-8-1 水性涂料涂饰	2020-01-15		B区室内顶面涂料裂缝找补	合格
2		项目部检查-材料-0042-01	材料	03、建筑装饰装修	03-2 抹灰	03-2-1 一般抹灰	2020-02-28		真石漆界格线不清晰	合格
3		项目部检查-材料-0043-01	材料	03、建筑装饰装修	03-2 抹灰	03-2-1 一般抹灰	2020-02-28		基层处理不到位	合格
4		项目部检查-材料-0044-01	材料	03、建筑装饰装修	03-7 幕墙	03-7-2 金属幕墙	2020-02-28		铝板收口未完成	合格
5		项目部检查-材料-0045-01	材料	03、建筑装饰装修	03-7 幕墙	03-7-2 金属幕墙	2020-02-28		铝板收口未完成	合格
6		项目部检查-材料-0046-01	材料	03、建筑装饰装修	03-2 抹灰	03-2-1 一般抹灰	2020-02-28		保温钉数量不足	合格
7		项目部检查-材料-0047-01	材料	03、建筑装饰装修	03-8 涂饰	03-8-1 水性涂料涂饰	2020-03-05		真石漆界格线不清晰	合格
8		项目部检查-材料-0048-01	材料	03、建筑装饰装修	03-8 涂饰	03-8-1 水性涂料涂饰	2020-03-05		基层处理不到位	合格
9		项目部检查-材料-0049-01	材料	03、建筑装饰装修	03-8 涂饰	03-8-1 水性涂料涂饰	2020-03-05		基层处理不到位	合格
10		项目部检查-材料-0050-01	材料	03、建筑装饰装修	03-7 幕墙	03-7-2 金属幕墙	2020-03-05		铝板收口未完成	合格

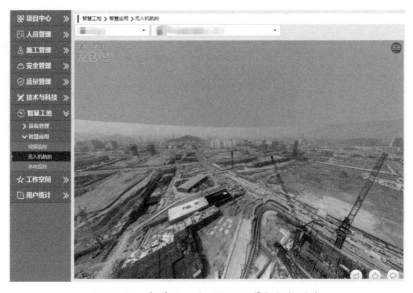

图 17-16　BIM 平台质量管理功能模块

图 17-17　智慧化工地现场视频管控航拍图片

课 后 习 题

单项选择题

1. RFID 是指（　　　）。

A. 自动识别技术　　　B. 实景复制技术　　　C. 无线射频技术　　　D. 无线传感技术

2. 智能塔式起重机可视系统一般具有（　　　）立体防碰撞功能。

A. 二维　　　　　　　B. 三维　　　　　　　C. 四维　　　　　　　D. 五维

3. 通过 BIM 模型对施工阶段的构件和管线、建筑与结构、结构与管线等各专业进行（　　　），并反馈给各专业设计人员进行调整，理论上可消除所有管线的碰撞问题。

A. 模型整合　　　　　B. 碰撞检查　　　　　C. 净高分析　　　　　D. 图样会审

4. 借助 BIM 技术对（　　　）进行模拟，能够非常直观地给施工管理人员及施工班组提供技术交底。

A. 时间节点　　　　　B. 成本估算　　　　　C. 碰撞检查　　　　　D. 施工工艺工序

5. 借助 BIM 技术管理平台降低安全风险，通过（　　　）教育工人在面对险情时应该如何应对，可有效避免安全事故的发生。

A. 虚拟发生过程场景　　　　　　　　B. 定位功能

C. 进度检查功能　　　　　　　　　　D. 施工模拟功能

第五部分　运维方的 BIM 项目经理

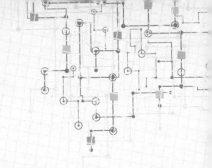

第18章 基于 BIM 的运维管理应用

18.1.1 概述

对于一个建筑来讲，通常把它的全生命周期分为四个阶段：规划设计阶段、建设阶段、运维管理阶段和废除阶段。在建筑的全生命周期中，运维管理阶段的周期占到整个全生命周期的绝大部分。而从成本角度来看，规划设计阶段的投资分析、环境评估、规划设计占到建筑生命周期总成本的 0.7%，建设阶段建造施工只占总成本的 16.3%，运维管理阶段占到了总成本的 82.5%，废除阶段建筑的拆除仅占总成本的 0.5%。由此可见在建筑全生命周期中，运维管理阶段是占时间周期最长、成本比例最大的一个阶段。

然而，在建设项目的运维管理阶段涉及大量建筑设备的使用，需要消耗大量的人力、物力和财力。并且，目前建筑使用的机械设备的数量、种类迅速增多，结构也越来越复杂，对人们的设备管理水平和管理效率提出了更高的要求。而传统的建筑设备运维管理方法主要是通过纸质资料和二维图形来保存信息并进行设备管理，这存在很多问题。例如二维图形的信息难以理解，处理起来复杂耗时；信息分散无法进行关联和更新，且容易遗漏和丢失，无法进行无损传递；查询信息时需要翻阅大堆的资料和图样，并且很难找到所需设备的全套信息，导致在维修保养设备时往往因信息不全、图形复杂等原因而无法满足及时性与完好性要求，影响维护保养质量，并且耗费大量的时间资源和人力资源，管理效率较低。由此，如何高效地进行建筑设备运维管理是一个非常重要的问题。为了解决上述传统建筑设备运维管理中存在的这些问题，提高设备的管理效率，研究人员提出了基于 BIM 的运维管理技术。

目前，科技和时代已经为人们准备好了变革的工具——BIM 技术，通过 BIM 技术提供的信息、资源整合平台进行更好、更智能的信息储存、信息管理和信息传递作业。BIM 模型可提供可视化的操作及展示平台，让人们的运维管理对象和管理工作变得更加形象、直接，能够更加简单、有效地进行建筑设备的运维可视化管理，带领人们进入新的信息时代、3D 时代，告别大堆的二维图样，告别杂乱的纸质资料、文档，告别繁琐的手工记录，可以更准确、更全面、更快速地掌握建筑设备的管理信息，更简单、更形象、更直接地进行建筑设备管理，由此可提高维护效率、降低总体维护成本。

我国建筑业长期施行的粗放管理模式使得运维管理成本增加，运维管理范围受限，比如由于组织模式不当引起的运维效率低下，规划设计阶段、建设阶段到运维管理阶段的信息不对称造成的管理风险等一系列问题。目前的运维管理技术还达不到让各大商户和各个消费群体满意的程度，更保障不了商业运营项目中商户和顾客的安全。因此，目前的运维管理模式以及运维管理技术急需改革。其中，运维管理阶段信息的集成和传递缺少管理，是导致运维管理阶段管理困难和成本增加的主要原因。

基于 BIM 的运维管理，集成了传统运维管理中涉及的、传统上属于弱电智能化系统的 IBMS（一体化建筑管理系统）和项目运维管理信息系统，两个大的技术组团形成了 BIM 时代下运维管理的新管理系统产品形态，未来会成为建筑智能化、数字化系统中的重要组成部分。

18.1.2 运维管理的定义

随着我国国民经济的飞速发展，以及人们生活水平的不断提高，建筑功能逐渐多样化，运维管理已经逐渐发展成为一门学科，它的内涵已经超出了传统的管理范畴，发展成为整合人员、设施、环境、技术等关键资源的系统工程。关于项目的运维管理，国内目前并没有统一的定义，通过阅读大量文献，认为运维管理是整合人员、设施、环境和技术对工作空间、生活空间进行规划、整合和维护的管理，以满足人员在工作和生活中的基本需求，增加投资收益。

运维管理的对象包括建筑、家具、设备等"硬件"和人、环境、安防等"软件"，其范畴主要包括空间管理、设备管理、安防管理、应急管理、能耗管理，如图 18-1 所示。

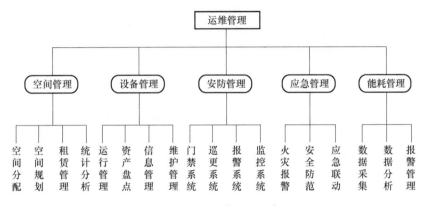

图 18-1 运维管理的范畴

18.1.3 传统运维管理存在的问题

传统的项目运维管理方法还比较原始，建筑设备建档完成后，管理人员需要通过人工采集并记录维修信息，然后查询相应的图样、维修手册，管理过程繁琐且效率较低，尤其在设备数量较多时容易出现错、漏等情况。其弊端主要有以下方面：

1）二维图形信息难以理解，需要具备一定专业基础知识的技术人员才能识读懂。二维图样在表达图形信息时容易出现很多图样错误，而且识图人员难以理解繁杂的二维图形，有时甚至会理解错误；并且，想要知道某个建筑构件的具体信息时，必须通过多个二维图形的比对才能实现，过程复杂耗时。

2）信息难以完整保存，很难无损传递。由于图样和各种纸质资料大多是由设计方、施工方、咨询方等各参与方提供的，信息沟通和信息传递容易出现问题，容易造成信息的遗漏和丢失。

3）信息分散，无法进行关联和更新。由于各参与方和各专业的信息没有整合在一起，信息分散，影响运维管理工作的正常开展，在发现图样错误需要修改或者进行图样设计变更时，由于图形信息无法相关联，在进行修改时需要在多个地方进行修改，容易造成错漏和工作效率低下。

18.1.4 基于 BIM 技术的项目运维管理系统的框架构建

运维管理阶段是项目全生命周期持续时间最长、费用最高的一个阶段，需要大量的规划设计阶段和建设阶段的信息，运维管理本身也会产生很多信息。因此，在项目的运维管理过程中的信息量十分巨大，信息格式多样化，而传统的运维管理模式只能通过一些重复冗杂的程序来处理这些信息，工作效率低下，管理效果较差。

基于 BIM 技术的运维管理，从本质上讲，能够向建筑项目相关的资产拥有者、资产管理者、项目驻客、项目访客四种类型的人员同时提供三维场景和数据信息。在 BIM 运维管理所提供的三维场景下，可以更加高效地实现现场实时视频、人脸识别数据、建筑设备运行状态、设备维护和成本信息等原来属于多个系统的信息在"一个视窗"中的合并，并进行信息传达，显著提升了运维管理人员的工作效率，提升了管理和服务质量，降低了人员成本，提升了驻客和访客对智能化系统的"获得感"，从而提升资产拥有者的品牌价值和资产价值，提升资产管理者的经济收益。同时，BIM 针对建筑物理特性和功能特性所提供的数字化描述信息，不仅可以作为资产拥有者长期持有和不断迭代的数据资产，还可在建筑长期的运行中不断产生新的运营数据，为资产管理者在未来实现基于大数据和人工智能的运维管理打下了数据基础。

BIM 技术的核心是信息的集成和共享，基于 BIM 技术的项目运维管理系统的框架构建主要考虑以下四点问题：

1. 数据集成共享问题

在运维管理阶段，不同的功能子系统软件产生的数据信息的格式各不相同，想要实现 BIM 相关数据以及其他形式数据的集成和共享，保证规划设计阶段和建设阶段的信息能够在运维管理中持续应用，需要建立一个数据库。该数据库能够保证建设项目全生命周期的信息的保存、集成、共享和提取，该数据库也是基于 BIM 技术的信息管理系统框架的基础。

2. 系统平台实现问题

要将数据与实际应用相联系，并进行数据的实时更新，这需要一个平台进行管理。将数据库中的信息应用于各项管理中，并把基于综合应用产生的更新数据反馈到系统平台中，从而更新原有数据库。

3. 系统功能实现问题

对信息进行存储和管理的最终目的是有效地把信息应用到运维管理的各个系统中，因此基于 BIM 技术的项目运维管理系统框架需设置相应的模块，以实现各个应用的模块化管理。

4. 终端设备问题

基于 BIM 技术的项目运维管理系统需要提供相应的终端设备为运维管理人员进行服务，运维管理人员通过计算机、手机等进行实时查看。

利用 BIM 技术信息整合的优点，将运维管理过程中产生的各类信息整合到 BIM 模型中进行信息集成，实现信息的快速查询和各类信息的统计；利用 BIM 技术的 3D 可视化特点，对空间管理、设备管理、安防管理、应急管理、能耗管理等的各类状态信息进行可视化表达与展示。

18.1.5 系统功能介绍

基于 BIM 技术的项目运维管理系统提供给运维单位一个可操作、可视化的数据界面，同时可以实现在整个运维管理阶段的包括设备信息、安全信息、维修信息等数据在内的信息录入。

1. 数据采集

项目运维管理阶段的数据信息除了来源于 BIM 模型的信息参数外，对于运维过程中的实时数据也要进行采集（主要是利用各种信息传感设备来实现）。

2. 数据管理

BIM 建模可采用多种软件，不同软件输出的数据格式各不相同，需经过相同的数据接口进行整合，形成数据格式统一的数据库。通过不同设备获得的信息的记录方式也不尽相同，想要同时服务于运维管理，也要将所有的信息进行整合，通过相同的数据接口传到系统平台。

3. 平台服务

平台服务主要是数据与综合应用的中间站，各种数据在平台上进行分门别类，应用于不同的管理服务；服务过程中产生的数据信息也会传入平台再次进行整合。这些信息再集成汇总，形成一个强大的数据平台。

4. 综合应用

综合应用层可以提供一系列操作使用户能实现具体的功能，这里提供了空间管理、设备管理、安防管理、应急管理和能耗管理等功能。并且，综合应用层可以根据需要进行扩展，由特定的项目需求定制特定的功能应用。

5. 终端设备

系统的最上层是终端设备层，运维管理人员可以通过计算机、手机等各种终端登录系统，进行相应的管理工作。

18.1.6 具体案例

上海市第一人民医院南院占地面积 230785 平方米，建筑面积 123819 平方米，主要建筑物 14 栋。本项目于 2006 年投产运营至今，运行维护费用已远超当初的建设费用，院方希望采用 BIM 技术整合后勤保障功能，建立医院建筑信息的三维数据档案馆，从而实现对医院进行高效化、规范化、智能化、精细化的管理，如图 18-2 所示。

图 18-2 项目概况

1. 模型搭建特点

本模型的搭建有五大特点：①根据模型标准对医院模型进行搭建；②族是 BIM 模型的基本图元信息单位，在医院中需要大量的定制族，例如门牌号、标识、路标、导向牌等都需要用族的形式进行体现；③信息参数的添加，例如设备的物理信息以及关联信息等都需要添加到对应的设备模型属性里面；④模型复核，可通过漫游视频以及 BIM + VR 技术对模型进行复核，可更直观地展现模型中的问题，及时修正，并修改模型的验收制度；⑤本项目实行四方验收制度，即益埃毕公司自检、院内物业单位现场复核、医院相关人员复核，以及平台对模型的复核。模型搭建特点及部分成果如图 18-3 所示。

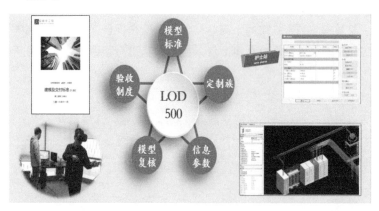

连廊钢琴角

功能区导向牌

图 18-3　模型搭建特点及部分成果

2. 运行展示

驾驶舱平台是整个运维系统的心脏，展示有各项业务的核心指标数据、各建筑专业系统的业务统计报表等信息，能以形象、直观、具体的指标体系反映设备的运行状态，便于平台管理人员进行管理，如图 18-4 所示。运行展示的具体内容如下：

① 建筑基础信息展示。

② 日常维护工单展示。

③ 设备台账统计。

④ 本周设备维修次数统计。

⑤ 供应商信息。

⑥ 实时监测的核心指标数据显示。

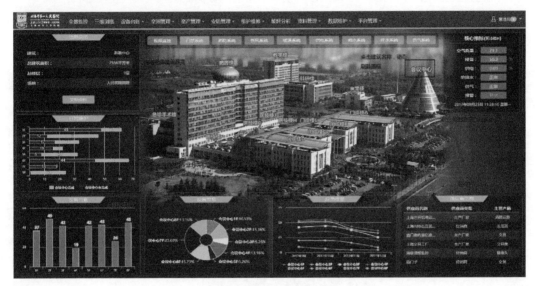

图 18-4　运行展示

3. 全景监控

系统接入医院的设备监控系统（BA），通过新风机、照明、电气等设备的监测点进行空间定位，实现对医院设备的在线监测；可设定报警值，根据实时信息实现分级报警。通过选择建筑和系统分类，可弹出监测设备的监测数据（实时），单击某条数据的时候系统会自动定位到当前设备位置，并显示模型中的设备位置，如图 18-5 所示。

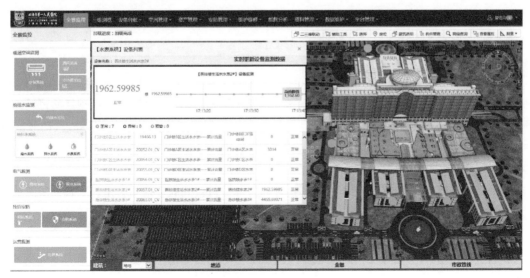

图 18-5　全景监控

4. 设备管理

设备管理中的设备数据来源于资产模块，状态为使用中的固定资产，在设备分类中显示，如图 18-6 所示。

1）台账总览：统计每栋建筑的设备总数，以及每栋建筑中每个专业的设备数量。

2）专业台账：通过专业分类查看每栋建筑的设备列表，通过设备列表可以查看关联的三维模型，实现定位的高亮显示。

3）设备监测数据：以列表的形式显示对接的设备监测数据。

4）报警管理：记录每个设备的报警记录，可以通过报警列表联动查看设备。

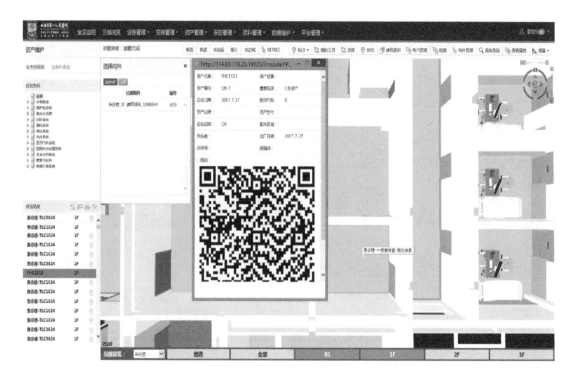

图 18-6　设备管理

5. 监测报警

系统的后台服务一直在不停地更新监测数据，当检测到数据超过警戒值时会弹出报警提示，跳转到应急预案页面，并自动定位到报警设备的安装位置处。如周边有摄像头，则自动打开监控画面，以及该设备的维护维修记录等。在报警历史记录中也可以查看历史回放。监测报警如图 18-7所示。

6. 空间管理

系统可进行空间定义、空间分配、空间统计等操作，对空间的合理化利用起到辅助决策的作用，如图 18-8 所示。

7. 逃生演练

进行逃生演练时，假定建筑物内的某点发生火灾，能在三维模型中更好地规划人员逃生的路

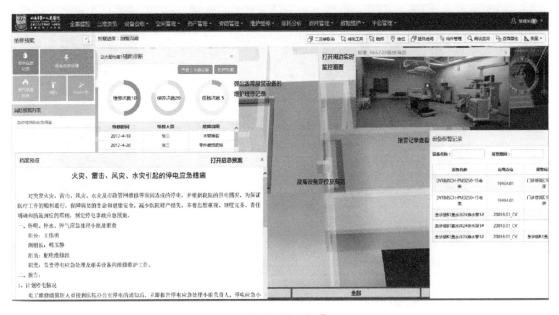

图 18-7 监测报警

图 18-8 空间管理

径以及消防人员的进场通道，如图 18-9 所示。

8. 资产台账

建立资产台账时，通过资产分类对资产数据进行维护与查看，既可以从 BIM 模型中批量导入资产数据，也可以从系统下载 Excel 模板从外部导入。资产台账如图 18-10 所示。

9. 资产维护

进行资产维护时，可以通过资产类别和条件查看每栋建筑内资产的详细参数，并且在三维可视化界面中定位到资产的安装位置。资产维护产生的数据支持打印，也可生成二维码供后续使用，

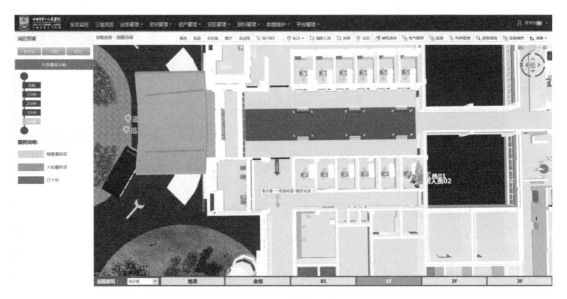

图 18-9　逃生演练

图 18-10　资产台账

可支持用户手动关联资产和模型。

　　对设备模型采用建筑→楼层→专业三个级别的管理方式，根据有关分类标准，管理人员可以根据需求进行从整体到局部或者从局部到整体的自由切换，实现对电气、动力、给排水等专业设备的浏览；同时，提供模型检索功能，输入名字就能对设备进行定位。

10.文档管理

　　文档管理支持对项目全生命周期的数据信息、文档资料进行统一管理和有效利用；支持资料上传与下载；支持与 BIM 模型的批量及单个的关联绑定；可在查看模型属性信息时列出相关联的资料信息供预览查看，如图 18-11 所示。

图 18-11　文档管理

11. 维护维修

进行维护维修时，通过接入医院现有的工单系统，将设备的日常保养、巡检、维修等数据与 BIM 相互关联，当在三维可视化界面中选择设备模型时，系统可加载该设备的历史维修次数及保养数据，如图 18-12 所示。

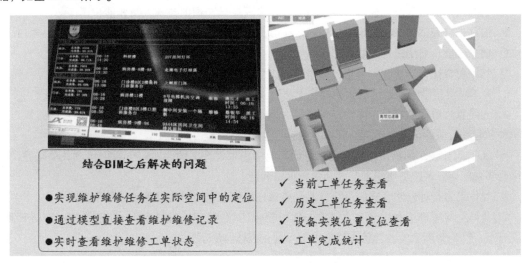

图 18-12　维护维修

12. 能耗分析

进行能耗分析时，平台将水、电、气的历史能耗数据按照时间和各栋建筑形成统计报表，分析同一时间节点每栋建筑的耗能数据及变化情况，如图 18-13 所示。

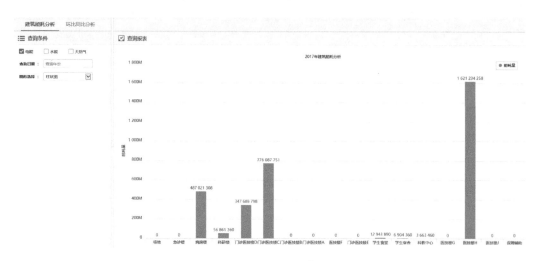

图 18-13 能耗分析

课后习题

单项选择题

1. 对于一个建筑来讲，通常把它的全生命周期分为（　　）四个阶段。

A. 规划设计阶段、方案设计阶段、运维管理阶段和废除阶段

B. 规划设计阶段、建设阶段、运维管理阶段和废除阶段

C. 规划设计阶段、竣工阶段、运维管理阶段和废除阶段

D. 规划设计阶段、运维管理阶段、施工图设计阶段和废除阶段

2. 传统运维管理存在的弊端不包括（　　）。

A. 二维图形的信息难以理解，需要具备一定专业基础知识的技术人员才能识读懂

B. 信息难以完整保存，很难无损传递

C. 信息分散，无法进行关联和更新

D. 三维可视化、信息化，可进行精确规划，可减少浪费

3. 关于项目运维管理系统的框架构建说法错误的是（　　）。

A. 运维管理阶段是项目全生命周期持续时间最长、费用最高的一个阶段，需要大量的规划设计阶段和建设阶段的信息，运维管理本身也会产生很多信息

B. 基于 BIM 技术的项目运维管理系统的框架构建主要考虑的问题包含数据集成共享问题、系统平台实现问题、系统功能实现问题和终端设备问题

C. 对信息进行存储和管理的最终目的是有效地把信息应用到运维管理的各个系统中

D. 传统运维管理不利用 BIM 技术的 3D 可视化的特点，对空间管理、设备管理、安防管理、应急管理、能耗管理等的各类状态信息进行可视化表达与展示

4. 关于系统功能介绍说法错误的是（　　）。

A. 基于 BIM 技术的项目运维管理系统可以实现在整个运维管理阶段的包括设备信息、安全信息、维修信息等数据在内的信息录入

B. 项目运维管理阶段的数据信息的采集，主要是利用各种信息传感设备来实现

C. 综合应用层提供了空间管理、设备管理、安防管理、应急管理和能耗管理等功能，但应用

层不能由特定的项目需求定制特定的功能应用

D. BIM 建模可采用多种软件，不同软件输出的数据格式各不相同，需经过相同的数据接口进行整合，形成数据格式统一的数据库

5. 对 18.1.6 节案例的特点说法错误的是（　　）。

A. 根据建模标准对医院模型进行搭建

B. 族是 BIM 模型的基本图元信息单位，在医院中需要大量的定制族，例如门牌号、标识、路标、导向牌等都需要用族的形式进行体现

C. 只需要进行模型搭建，相关参数及信息不需要添加到模型中

D. 模型复核，可通过漫游视频以及 BIM + VR 技术对模型进行复核，可更直观地展现模型中的问题，及时修正，并修改模型的验收制度

参 考 文 献

［1］李云贵，何关培，邱奎宁. 建筑工程设计 BIM 应用指南［M］. 2 版. 北京：中国建筑工业出版社，2017.

［2］中华人民共和国住房和城乡建设部. 建筑信息模型应用统一标准：GB/T 51212—2016［S］. 北京：中国建筑工业出版社.

［3］中建《建筑工程设计 BIM 应用指南》编委会. 建筑工程设计 BIM 应用指南［M］. 2 版. 北京：中国建筑工业出版社，2017.

［4］中建《建筑工程施工 BIM 应用指南》编委会. 建筑工程施工 BIM 应用指南［M］. 2 版. 北京：中国建筑工业出版社，2017.

［5］刘占省，赵雪峰. BIM 技术与施工项目管理［M］. 北京：中国电力出版社，2015.

［6］王辉. 建设工程项目管理［M］. 2 版. 北京：北京大学出版社，2014.

［7］塞维. 建筑空间论：如何品评建筑［M］. 张似赞，译. 北京：中国建筑工业出版社，2006.

［8］吉迪恩. 空间·时间·建筑：一个新传统的成长［M］. 王锦堂，译. 武汉：华中科技大学出版社，2017.

［9］丁烈云. BIM 应用·施工［M］. 上海：同济大学出版社，2015.

［10］张人友，王珺. BIM 核心建模软件概述［J］. 工业建筑，2012，42（S1）：66-73.

［11］张建平，李丁，林佳瑞，等. BIM 在工程施工中的应用［J］. 施工技术，2012，41（16）：10-17.

［12］吴翠兰. 工程项目全面造价管理研究［J］. 价值工程，2017，36（34）：20-22.

［13］刘占省，赵明，徐瑞龙. BIM 技术在我国的研发及工程应用［J］. 建筑技术，2013，44（10）：893-897.

［14］中国 BIM 培训网. BIM 技术建筑协同平台应具备哪些功能［EB/OL］.（2015-02-06）［2020-12-07］. http://www.bimcn.org/cjwt/201502062849.html.